U0325620

羊病诊治 关键技术 一点通

薛占永　米同国　呼秀智　黄占欣　著

河北出版传媒集团

河北科学技术出版社

图书在版编目（CIP）数据

羊病诊治关键技术一点通 / 薛占永等著 . -- 石家庄：
河北科学技术出版社 , 2017.4（2018.7 重印）
ISBN 978-7-5375-8276-6

Ⅰ.①羊… Ⅱ.①薛… Ⅲ.①羊病－诊疗 Ⅳ.
① S858.26

中国版本图书馆 CIP 数据核字 (2017) 第 030782 号

羊病诊治关键技术一点通

薛占永　米同国　呼秀智　黄占欣　著

出版发行： 河北出版传媒集团　河北科学技术出版社
地　　址： 石家庄市友谊北大街 330 号（邮编：050061）
印　　刷： 天津一宸印刷有限公司
开　　本： 710mm×1000mm　1/16
印　　张： 11
字　　数： 141 千字
版　　次： 2017 年 7 月第 1 版
印　　次： 2018 年 7 月第 2 次印刷
定　　价： 35.00 元

如发现印、装质量问题，影响阅读，请与印刷厂联系调换。
厂址： 天津市子牙循环经济产业园区八号路 4 号 A 区
电话：（022）28859861　**邮编：** 301605

随着我国农业产业化结构的调整，养殖业已成为增加农牧民收入的重要经济增长点。我国农村素有养羊的习惯。羊的饲料来源广泛，价格低廉，饲养设备简单，投入少，生产周期短，见效快，易饲养，好管理；羊的产品销路好，市场价格较高而且比较稳定。因此，养羊业近年来发展迅速，现已成为农牧民致富的重要产业。

为了指导农牧民科学养羊，预防和减少疾病的发生，提高经济效益，促进养羊业的发展，我们编写了这本《羊病诊治关键技术一点通》。本书内容包括羊病的发生及传播、预防羊病的关键技术和措施、羊群发生疫情时的应急措施和羊病的关键诊疗技术以及羊的主要传染病、寄生虫病和普通病等的防治。本书与众不同之处在于重点突出每一种疾病诊断和治疗的关键技术，将其置于疾病的前面，简明扼要，通俗易懂，科学性、实用性较强，便于农牧民了解和掌握。本书特别适合广大养羊专业户、养羊场的技术人员、从事畜牧业技术推广人员和兽医人员参考使用。

　　在编写此书时，我们参考了国内一些先进的养羊图书资料，在此我们向原作者表示诚挚的感谢。由于编者水平有限，时间仓促，疏漏和错误之处在所难免，敬请广大读者批评指正。

编　者

2016年1月

目 录/Catalogue

五、羊的主要普通病 ······························· 125

一、羊病综合防治关键技术

羊病的发生及传播

（一）羊病的病因

羊病的发生原因一般可分为两大类：一是外界致病因素，二是内部致病因素。

1.外界致病因素　指存在于外界环境中的各种致病因素，主要有生物性致病因素、化学性致病因素、物理性致病因素、机械性致病因素以及饲养管理和营养性因素五大类。

（1）生物性致病因素：生物性致病因素是指致病的微生物和寄生虫，包括细菌、真菌、支原体、衣原体、螺旋体、病毒和寄生虫等。生物性致病因素是危害养羊业最主要的一类致病因素，可引起传染病和寄生虫病。

（2）化学性致病因素：主要有强酸、强碱、重金属盐类、农药、化学毒物、氨气、一氧化碳、硫化氢等化学物质，可引起中毒性疾病或化学性烧伤。

（3）物理性致病因素：物理性致病因素是指高温、低温、电流、光照、噪声、气压、湿度和放射线等因素，这些因素达到一定强度或作用时间较长，都可使机体发生物理性损伤。

（4）机械性致病因素：所谓机械性致病因素包括打击、压迫、刺、钩、切、砍、咬等各种机械外力，它们作用于机体，都可造成机械性的损伤。

（5）饲养管理和营养性因素：饲养管理不当或饲料中各种营养物质不平衡（营养不足或过剩），可引起羊病的发生。若饲养管理不当，如羊舍饲喂密度过大、通风不良、断水，或长途运输、受到惊吓、追赶过急等，都可诱发羊群发病；若饲料营养不足，如维生素、微量元素、蛋白质、脂肪、糖等营养物质缺乏，就会引起相应的缺乏症；若营养长期过剩，也可引起羊发病，如饲料中蛋白质过多可诱发母羊酮病，微量元素过多可引起中毒病。

2.内部致病因素　主要是指羊体对外界致病因素的感受性和羊体对致病因素的抵抗力。机体对致病因素的易感性和防御能力，既与机体各器官的结构、机能和代谢特点及机体防御机构的机能状态有关，也与机体一般特性，即羊的品种、年龄、性别、营养状态、免疫状态等个体反应有关。

（1）品种差异：由于羊的品种不同，对同种致病因素的反应也不同，如绵羊易感染巴氏杆菌病，而山羊则不易感染；羊快疫，绵羊比山羊易感。

（2）年龄差异：一般幼年羊和老年羊的抵抗力较弱，成年羊的抵抗力较强，所以有些羊病与年龄大小有很大关系。如羔羊易感染大肠杆菌，发生羔羊白痢；而羊黑疫则多发生于2～4岁、膘情较好的羊。

（3）性别差异：不同性别的羊，对某些疾病有不同的感受性，如母羊比公羊更易得布氏杆菌病。

（4）营养差异：营养不良的羊，对疾病的感受性明显增高，因为营养状态与机体抗病能力有密切关系。

（5）免疫状态差异：免疫能有效地抵御病原微生物的侵袭，防止传染病的发生。因此，羊体免疫状态不同，对同一种病原的抵抗力也不同。经过免疫接种羊快疫疫苗的羊，比未接种的羊对羊快疫病原的抵抗力强，不易患病。

总之，任何羊病的发生，往往不是单一原因引起的，而是外界致病因素和内部致病因素相互作用的结果。

（二）羊病的分类

为了便于认识羊病和有针对性地采取有效的防治措施，常需要将羊病进行分类。根据羊病发生的原因，可将羊病分为传染病、寄生虫病和普通病三大类。

1.传染病 指由病原微生物侵入机体，并在体内生长繁殖而引起的具有传染性的疾病。传染病的病因是各种病原微生物，包括病毒、细菌、支原体、真菌、螺旋体和衣原体等，它们可分别引起相应的疾病，如病毒性疾病（口蹄疫、羊传染性脓包病、羊痘、羊狂犬病、蓝舌病等）、细菌性疾病（羊炭疽、破伤风、羊布氏杆菌病、羊副结核病、羔羊大肠杆菌病、坏死杆菌病、羊快疫、羊肠毒血症、羊猝狙、羊黑疫等）、支原体病（羔羊支原体病）、衣原体病（羊衣原体病）等。传染病在羊病中是最主要的一类疾病，而且临床上也最多见。羊发生传染病后，病原微生物从其体内排出，通过直接接触或间接接触传染给其他羊，造成疫病的流行。有些急性烈性传染病可使羊大批死亡，造成严重的经济损失。

2.寄生虫病 指寄生虫侵入体内或侵害体表而引起的疾病。常见和比较主要的寄生虫病有：蠕虫病，如肝片吸虫病、双腔吸虫病、前后盘吸虫病、阔盘吸虫病等；原虫病，如羊梨形虫病、弓形虫病、羊球虫病等；体外寄生虫病，如硬蜱病、螨病、羊鼻蝇蛆病等。当寄生虫寄生于羊体时，通过虫体对羊的器官、组织造成机械性损伤、掠夺营养或产生毒素，使羊消瘦、贫血、生产能力下降，严重者可导致死亡。寄生虫病与传染病有类似之处，也具有侵袭性，使多数羊发病，某些寄生虫病所造成的经济损失，并不亚于传染病。

3.普通病 指由非生物性致病因素引起的疾病，包括除传染病和寄生虫病以外的各种疾病，即传统的内科病、外科病和产科病。临床上比较重要且常见的普通病有：

（1）内科病：包括消化系统疾病，如口炎、食道阻塞、前胃弛缓、瘤胃积食、瘤胃臌气、瓣胃阻塞、创伤性网胃及心包炎、皱胃阻塞、胃肠炎、绵羊肠扭转等；呼吸系统疾病，如支气管肺炎、感冒等；营养代谢性疾病，如维生素A缺乏症、酮病、羔羊白肌病、佝偻病、绵羊食毛症、绵羊脱毛症、尿结石等；中毒性疾病，如氢氰酸中毒、有机磷中毒、过食精料中毒等。

（2）外科、产科疾病：包括创伤、流产、难产、生产瘫痪、胎衣不下、阴道脱出、子宫炎、乳房炎等。

普通病与上述两类疾病的不同之处是没有传染性或侵袭性，多为零星发生，但羊如误食了某些毒草或毒物，也会引起大批发病，造成严重的经济损失。

（三）当前养羊业及其疫病流行的特点

1.集约化程度高，羊只接触频繁 我国养羊业正在由自然放牧形式向集约化养羊模式转化。在牧区，以放牧为主，并实行围栏化和分区轮牧，当年羔羊实行放牧加补饲的方法；在农区，以舍饲养羊为主，建立规模化育肥基地，实行异地育肥。由于高密度、大规模集约化饲养，羊群流动性增加，羊只间接触频率增高，对传染病的传播和流行提供了条件，易导致传染病的暴发和流行。

2.品种良种化，羊只流动性大 为了追求高效益，均希望采用繁殖性能优良、生长速度快、产肉或产毛率高的优良品种。但是当前我国的良种繁育体系建设滞后，一方面许多种羊场羊群健康水平不高，另一方面许多商品羊场种群来源不固定，多途径购买种羊，同时又缺乏必要的隔离检测手段，使得不同地域间、不同繁育体系间疫病的传播越来越多。

3.冬春饲料不足 我国的天然草场改良、人工草场建设都搞得较晚，不少地方草场沙化，植被退化，产草量、载畜量低。冬春饲料普遍不足，农副产品没有很好地加工处理、科学利用，所以地区间、季节间存在着比较严重的草畜不平衡现象。因此，导致羊只冬春营养不足、消瘦，从而使得一些非传染性疾病和一些条件性病原体所致疫病极易发生和流行。

羊病预防的关键技术和措施

关键技术

坚持"预防为主"的方针，加强饲养管理，搞好环境卫生，做好防疫、检疫工作，坚持定期驱虫和预防中毒等综合性防治措施。

（一）加强饲养管理

1.坚持自繁自养 羊场或养羊专业户应选养健康的良种公羊和母羊，自行繁殖，以提高羊的品质和生产性能，增强对疾病的抵抗力，并可减少入场检疫的工作量，防止因引入新羊带来病原体。

2.合理组织放牧 牧草是羊的主要饲料，放牧是羊群获得营养物质的重要方式。因此，合理组织放牧，与羊的生长发育好坏和生产性能的高低有着十分密切的关系。应根据农区、牧区草场的不同情况，以及羊的品种、年龄、性别的差异，分别编群放牧。为了合理利用草场，减少牧草浪费和羊群感染寄生虫的机会，应推行划区轮牧制度。

3.适时进行补饲 羊的营养需要主要来自放牧，但当冬季草枯、牧草营养下降或放牧采食不足时，必须进行补饲，特别是对正在发育的幼龄羊、怀孕期或哺乳期的成年母羊补饲尤其重要。种公羊仅靠放牧，难以满足其营养需要，在配种期更需要保持较高的营养水平。因此，种公羊多采取舍饲方式，并按饲养标准喂养。

4.妥善安排生产环节 养羊的主要生产环节包括：鉴定、剪毛、梳绒、配种、产羔和育羔、羊羔断奶和分群。每一生产环节，都应尽量在较短的时间内完成，尽可能增加有效放牧时间，如某些环节影响放牧，要及时给予适当的补饲。

（二）环境卫生与消毒

1.环境卫生 为了净化周围环境，减少病原微生物滋生和传播的机会，对羊的圈舍、活动场地及用具等，要经常清扫，保持清洁、干燥；粪便及污物要及时清除，并堆积发酵；防止饲草、饲料发霉变质，尽量保持新鲜、清洁、干燥；固定牧业井，或以流动的河水作为饮用水，有条件的地方可建立自动卫生饮水处，以保证饮水的卫生。此外，还应注意消灭蚊蝇，防止鼠害等。

2.消毒 消毒的目的是消灭散播于外界环境中的病原微生物，切断传播途径，阻止疫病蔓延。羊场应建立切实可行的消毒制度，定期对羊舍（包括用具）、地面、粪便、污水、皮毛等进行消毒。

（1）羊舍消毒：一般分为两个步骤进行，首先进行机械清扫，然后用消毒液消毒。

机械清扫是搞好羊舍环境卫生最基本的一种方法。据试验，采用清扫方法，可使畜舍内的细菌数减少20%左右；如果清扫后再用清水冲洗，则畜舍内的细菌数可减少50%以上；清扫、冲洗后再用药物喷雾消毒，畜舍内的细菌数可减少90%以上。

用化学消毒液消毒时，其用量以羊舍内每平方米面积用1升药液计算。常用的消毒药液有10%～20%石灰乳、10%漂白粉溶液、0.5%～1.0%菌毒敌（原名农乐，同类产品有农福、农富、菌毒灭等）、0.5%～1.0%二氯异氰尿酸钠（以此药为主要成分的商品消毒剂有"强力消毒灵"、"灭菌净"、"抗毒威"等）、0.5%过氧乙酸等。消毒方法是将消毒液盛于喷雾器内，喷洒地面、墙壁、天花板，然后再开窗通风，并用清水刷洗饲槽、用具，将消毒药味除去。如羊舍有密闭条件，可关闭门窗，用福尔马林熏蒸消毒12~24小时，然后开窗通风24小时。福尔马林的用量为每立方米空间用12.5~50毫升，加等量水一起加热蒸发，无热源时，也可加入高锰酸钾（每立方米用7~25克）。在一般情况下，羊舍消毒每年可进行2次（春、秋各1次）。产房的消毒，在产羔前应进行1次，产羔高峰时进行多次，产羔结束后再进行1次。在病羊舍、隔离舍的出入口处放置浸有消毒液的麻袋片或草垫；消毒液可用2%~4%氢氧化钠、1%菌毒敌（对病毒性疾病），或用10%克辽林溶液（对其他疾病）。

（2）地面土壤消毒：土壤表面可用10%漂白粉溶液、4%福尔马林或10%氢氧化钠溶液。停放过芽孢杆菌所致传染病（如炭疽）病羊尸体的场所，应严格加以消毒，首先用上述漂白粉溶液喷洒地面，然后将表层土壤掘起30厘米左右，撒上干漂白粉，并与土混合，将此表土妥善运出掩埋。其他传染病所污染的地面土壤，则可先将地面翻一下，深度约30厘米，在翻地的同时撒上干漂白粉（用量为每平方米面积0.5千克），然后用水洇湿，压平。如果放牧地区被某种病原体污染，一般利用自然因素（如阳光）来消除病原体；如果污染面积不大，则应使用化学消毒药消毒。

（3）粪便消毒：羊的粪便消毒方法有多种，最实用的方法是生物热消毒法，即在距羊场100~200米以外的地方设一堆粪场，将羊粪堆积起来，上面覆盖10厘米厚的沙土，堆放发酵30天左右，即可用作肥料。

（4）污水消毒：最常用的方法是将污水引入污水处理池，加入化学药品（如漂白粉或其他氯制剂）进行消毒，用量视污水量而定，一般1升污水用2~5克漂白粉。

（5）皮毛消毒：羊患炭疽病、口蹄疫、布氏杆菌病、羊痘、坏死杆菌病等，其羊皮、羊毛均应消毒。应当注意，羊患炭疽病时，严禁从尸体上剥皮，存储的原料皮中即使只发现一张患炭疽病的羊皮，也应将整堆与它接触过的羊皮进行消毒。皮毛的消毒，目前广泛利用环氧乙烷气体消毒法。消毒时必须在密闭的专用消毒室或密闭良好的容器（常用聚乙烯或聚乙烯薄膜制成的棚布）内进行。在室温15℃时，每立方米密闭空间使用环氧乙烷0.4~0.8千克，维持12~48小时，相对湿度在30%以上。此法对细菌、病毒、霉菌均有良好的消毒效果，对皮毛等产品中的炭疽芽孢也有较好的消毒作用。

（三）免疫接种

免疫接种疫苗是激发动物机体对某种传染病产生特异性抵抗力，使其从易感转为不易感的一种手段。在平时常发生某种传染病的地区，或有某些传染病潜在危险的地区，有计划地对健康羊群进行免疫接种，是预防和控制羊传染病的重要措施之一。各地区、各羊场可能发生的传染病各异，而可以预防这些传染病的疫苗又各不相同，免疫期长短不一。因此，羊场往往需用多种疫（菌）苗来预防不同的传染病。这就要根据各种疫苗的免疫特性和本地区的发病情况，合理安排疫苗的种类、免疫次数和间隔的时间。这就是所谓的免疫程序。如使用"羊梭菌病四防氢氧化铝菌苗"，重点预防快疫和肠毒血症时，应在历年发病前的1个月接种疫苗。当重点预防羔羊痢疾时，应在母羊配种前1~2个月或配种后1个月左右进行免疫接种。目前在国内还没有一个统一的羊免疫程序，只能在实践中探索，不断总结经验，制定出适合本地、本羊场具体情况的免疫程序。

（四）药物预防

药物预防是指把适量的药物加入饲料或饮水中进行的群体药物预防。常用的药物有磺胺类药物、抗生素和硝基呋喃类药。药物占饲料或饮水的比例一般是磺胺类药预防量0.1%~0.2%，四环素族抗生素预防量0.01%~0.03%，硝基呋喃类药物预防量0.01%~0.02%；一般连用5~7天，必要时也可酌情延长。但如长期使用化学药物预防，容易产生耐药性菌株，影响药物的预防效果。因此，要经常进行药敏试验，选择有高度敏感性的药物用于防治。此外，成年羊口服土霉素等抗生素时，常会引起肠炎等中毒反应，必须注意。

（五）定期驱虫

在羊的寄生虫病防治过程中，多采取定期（每年2~3次）预防性驱虫的方式，以避免羊在轻度感染后的进一步发展而造成严重危害。驱虫的时机，要根据当地寄生虫的季节动态调查而定，一般可在每年的3~4月份及12月份至翌年1月份各安排1次。这样有利于羊的抓膘及安全越冬和度过春乏期。常用驱虫药的种类很多，如有驱除多种线虫的左旋咪唑，可驱除多种绦虫和吸虫的吡喹酮，能驱除多种体内蠕虫的阿苯哒唑、芬苯哒唑、甲苯咪唑，以及既可驱除体内线虫又可杀灭多种体表寄生虫的伊维菌素等。所以，在实践中，应根据本地区羊的寄生虫病流行情况，选择合适的药物和给药时机及给药途径。

绵羊驱虫前要禁食，只要夜间不放不喂，在早晨空腹投药即可。

药浴是防治羊体外寄生虫病，特别是防治羊螨病的有效措施。一般可选择在每年剪毛或抓绒后的 7～10 天进行。常用的药物有：螨净（二嗪农）、胺丙畏（巴胺磷）、双甲脒、溴氰菊酯、杀灭菊酯等配成所需浓度的水乳剂。药浴可在药浴池内或使用特制的药淋装置，也可以人工抓羊在大盆或大锅内逐只进行。在药浴过程中注意，药液温度要适宜（36～39℃）并随时补充新药液，以保证药液的有效浓度。

（六）检疫

检疫是应用各种诊断方法（临床的、实验室的），对羊及其产品进行疫病（主要是传染病和寄生虫病）检查，并采取相应的措施，以防止疫病的发生和传播。为了做好检疫工作，必须有一定的检疫手续，以便在羊流通的各个环节中，做到层层检疫，环环紧扣，互相制约，从而杜绝疫病的传播蔓延。羊从生产到出售，要经过出入场检疫、收购检疫、运输检疫和屠宰检疫，涉及外贸时，还要进行进出口检疫。出入场检疫是所有检疫中最基本最重要的检疫；只有经过检疫而未发生疫病时，方可让羊及其产品进场或出场。羊场或养羊专业户引进羊时，只能从非疫区购入，经当地兽医检疫部门检疫，并签发检疫合格证明书；运抵目的地后，再经本场或专业户所在地兽医验证，检疫并隔离观察1个月以上，确认为健康者，经驱虫、消毒，没有注射过疫苗的还要补注疫苗，然后方可与原有羊混群饲养。羊场采用的饲料和用具，也要从安全地区购入，以防止疫病传入。

羊群发生疫情时的应急措施

关键技术 ————————————————————

发生传染病时，首先进行隔离、封锁和消毒，将疫情逐级上报，并对疫病做出诊断。对健康羊和可疑感染羊，要进行疫苗紧急接种或用药物进行预防性治疗。

羊群发生传染病时，应立即采取一系列紧急措施，就地扑灭，以防止疫情扩大。兽医人员要立即向上级有关部门报告疫情；同时要立即将病羊和健康羊隔离，不让它们有任何接触，以防健康羊受到传染；对于发病前与病羊有过接触的羊（虽然在外表上看不出有病，但有被传染的嫌疑）一般称为"可疑感染羊"，不能再同其他健康羊在一起饲养，必须单独圈养，经过20天以上的观察不发病，才能与健康羊合群；如有出现病状的羊，则按病羊处理；对已隔离的病羊，要及时进行药物治疗；隔离场所禁止人、畜出入和接近，工作人员出入应遵守消毒制度；隔离区内的用具、饲料、粪便等，未经彻底消毒不得运出；没有治疗价值的病羊，由兽医根据国家规定进行严格处理，不得随意抛弃。对健康羊和可疑感染羊，要进行疫苗紧急接种或用药物进行预防性治疗。

羊病诊断的关键技术

关键技术

诊断羊病的方法主要有临床诊断（问诊、视诊、触诊、听诊、叩诊、嗅诊）、病理剖检和实验室诊断（细菌学检查、病毒学检查、免疫学检查和寄生虫病检查）三种。

羊病诊断是对羊病本质的判断。就是查明病因，确定病性，为制定和实施羊病防治提供依据。羊病诊断是防治工作的前提，只有及时准确的诊断，防治工作才能有的放矢，否则往往会盲目行事，贻误时机，给养羊业带来重大损失。羊病诊断常用的方法有：临床诊断、病理剖检、实验室诊断等。由于每种羊病的特点各有不同，所以常需要根据具体情况进行综合诊断，有时只需要采用其中的一两种方法就可以及时做出诊断。

（一）临床诊断

临床诊断是诊断羊病最基本的方法。通过问诊、视诊、触诊、叩诊和嗅诊等手段，发现其症状表现和异常变化，综合起来加以分析，往往可对疾病做出诊断或为进一步确诊提供依据。

1.问诊　通过向畜主或饲养员询问和了解与发病有关的情况，以确定诊断疾病的方法。问诊内容主要包括以下几种情况：

（1）饲养管理情况：包括羊群的规模大小、羊的品种、年龄、性别，是放牧还是舍饲，饲料的品质，补充矿物质的种类及数量，饮用水的质量及数量等。

（2）既往病史：包括过去曾经发生过什么病、治疗与免疫情况以及当地羊的常见病流行情况等。

（3）现症调查：包括本次疾病的发生时间、发病只数、死亡只数，发病前和发病后有什么表现，如采食、反刍、排便、排尿、呼吸及运动等异常变化。在听取回答时应考虑所谈情况的可靠性，通过病史调查，对获得的资料应结合临床检查结果进行综合分析。

2.视诊 直接观察病羊的精神状态和所呈现的各种异常变化。视诊时应先从比较远的距离观察病羊放牧、采食及运动等情况。然后再仔细观察病羊的膘情、被毛、皮肤、黏膜和粪便等情况。

（1）放牧情况：健康羊一般争相采食，奔走的速度相等，反应敏捷。病羊常表现落群、停食、呆立或卧地不起等现象。

（2）姿势与步态：健康羊两眼有神，神态安详，行动活泼、平稳。当羊患病时，常表现行动不稳或不愿行走。有些疾病还呈现特殊姿势，如破伤风，表现为四肢僵直；患有脑包虫或羊鼻蝇蛆病，羊常做转圈运动；当羊的四肢肌肉、关节或蹄部发生病变时，表现为跛行。

（3）膘情：一般患有急性病，如急性炭疽、羊快疫、羊黑疫、羊猝狙、羊肠毒血症等的病羊，身体仍可表现肥壮；相反，一般患有慢性传染病和寄生虫病时，病羊多为瘦弱。

（4）被毛和皮肤：健康羊的被毛平整，不易脱落，富有光泽；病羊的被毛常粗乱，无光，质脆，易脱落。如羊患螨病时，常表现为被毛脱落、结痂、皮肤增厚和蹭痒擦伤等现象。在检查皮肤时，除要注意皮肤的外观，还要注意有无水肿、炎症肿胀和外伤等。如重症寄生虫病，常在颌下、胸前、腹下等部位出现水肿。

（5）可视黏膜：健康羊的可视黏膜（眼结膜、鼻腔、口腔、阴道、肛门等黏膜）呈粉红色，且湿润光滑。当黏膜变为苍白，则是贫血征兆；黏膜潮红，多为能引起体温升高的热性病所致；黏膜发黄，说明血液内的胆红素增加，见于多种原因造成的肝实质病变、胆管阻塞和溶血性贫血等病。如患梨形虫病、肝片吸虫病、双腔吸虫病，可视黏膜均呈现不同程度的黄染现象，发生黄疸。当黏膜的颜色变为紫红色（又称"发绀"），说明血液中的还原血红蛋白或变性血红蛋白增加，是严重缺氧的征兆，常见于呼吸困难性疾病、中毒性疾病和某些疾病的垂危期。

黏膜颜色的变化，反映心脏、肺脏功能及血液成分的改变，在诊断羊病时不要忽视该项目的检查。

（6）采食、饮水及粪尿的检查：食欲的好坏，直接反映出羊全身及消化系统的健康状况。羊喜欢舔泥土、吃草根等嗜癖，是慢性营养不良的表现；食欲废绝，说明病情严重；若想吃而不敢咀嚼，应检查口腔和牙齿有无病变异常。健康羊，通常鼻镜湿润，饮喂后30分钟开始出现反刍，每次反刍持续30~40分钟，每一食团咀嚼50~70次，每昼夜反刍6~8次。若发现鼻镜干燥，反刍减少或停止，多见于高热、严重的前胃及真胃疾病或肠道的炎症。热性病的初期，常表现出饮欲增加。

对粪便的检查，主要注意其形状、硬度、颜色及附着物等的变化。正常的羊粪，呈小球形灰黑色，软硬适中。如粪便过于干小、色黑，为缺水和胃肠道弛缓；粪便出现特殊臭味或过于稀薄，多为各类型的急慢性肠炎所致；前部消化道出血时，粪便呈现黑褐色，后段肠道出血，粪便为暗红色；当粪便内混有大量黏液时，表示肠黏膜有卡他性炎症；粪内混有完整谷粒或粗大的纤维时，表示消化不良；混有纤维素膜时，为患有纤维素性肠炎的表现；当混有寄生虫及其节片时，表示体内有寄生虫寄生。

对尿液的观察，健康羊每天排尿3~4次，尿液清亮、无色或稍黄。羊排尿的次数过多或过少和尿量过多或过少，尿液的颜色发生变化以及排尿痛苦、失禁或尿闭等，都是有病的征候。

（7）呼吸检查：胸壁与腹壁同时一起一伏为一次呼吸，亦可用听诊器在气管或肺区听取呼吸音来计数。健康羊每分钟呼吸10~20次。当患有热性病、呼吸系统疾病、心脏衰弱、贫血、中暑、胃肠臌气、瘤胃积食等病时，呼吸次数增加。某些中毒性疾病和代谢障碍等，可使羊呼吸次数减少。此外，还应结合检查呼吸类型、呼吸节律及呼吸是否困难等等。

3.嗅诊　嗅诊病羊的分泌物、排泄物、呼出的气体及口腔的气味。如患大叶性肺炎，出现肺坏疽时，鼻液和呼出的气体常带有腐败性恶臭；患胃肠炎时，粪便腥臭或恶臭；消化不良时，可从呼出气体中闻到酸臭味；有机磷制剂中毒时，可从胃内容物和呼出的气体中闻到有机磷特殊的大蒜味。

4.触诊　用手指、手掌或拳头触压被检部位，感知其硬度、温度、压痛、移动性和表现状态，以确定病变的位置、大小和性质。

（1）浅部触诊：检查者用手掌平放在被检部位，按一定顺序触摸，或以手指及指尖稍加压力于被检部位，以检查是否正常。一般用来检查皮肤温度、皮肤弹性、肌肉紧张度及敏感性。也可触摸体表的固定部位，感知淋巴结和心搏情况等。

首先是皮肤弹性及敏感度的检查。以拇指和食指捏紧皮肤向上提起，然后突然松开。正常皮肤应立即恢复原状，当羊营养不良，患有皮肤疾病或全身性脱水时，皮肤则失去弹性；中枢或末梢神经麻痹时，则相关皮肤的敏感性降低或消失。

其次是体温的检查。一般用手触摸羊的耳根或将手指插入口腔，即可感知病羊是否发烧。但最准确的方法是用兽用体温表进行直肠测温。具体方法是：将体温表用力甩到35℃以下，涂上润滑剂（凡士林、石蜡油、植物油等）后，再将有水银的一端从肛门口边旋转边插入直肠内，然后将体温表的夹子固定在尾根部的被毛上，经3～5分钟后取出，读取水银柱顶端的刻度数，即为羊的体温度数。正常羊的体温在38～39.5℃。一般幼羊比成年羊的体温要偏高些，热天比冷天高些，下午比上午高些，运动后比运动前高些，均属正常生理现象。如果体温超过正常范围，则为发烧。

第三是体表淋巴结的检查。主要检查颌下、肩前、膝上和乳房上淋巴结。当羊发生结核病、伪结核病、羊链球菌病以及四肢组织器官发生炎症时，相应的淋巴结往往肿大。患乳房炎时，乳房上淋巴结肿大，有热痛感；患伪结核病时，淋巴结初期肿大变硬，以后化脓，触压有波动感，最后淋巴结内常呈现干酪样变，容易挤出。一般的传染病或炎症过程，触摸相应淋巴结都有肿大、发热、变硬和疼痛的感觉。当羊患结核病时，淋巴结只有肿大、变硬，但无热无痛。

第四是脉搏的检查。用手指触摸颌外动脉或股内侧动脉，感知心搏的情况。健康羊的脉搏每分钟跳动70～80次，一般在发热、心肌炎初期和疼痛性疾病时，心搏数增加；相反，在导致心脏传导和兴奋性降低的疾病中，脉搏的次数减少。

（2）深部触诊：用不同的力量对患部进行按压，以便进一步探知病变的性质。

触压肿胀部位，呈现生面团状，指压后长时间留有痕迹，无热、无痛，为组织水肿的表现；当触压感觉发硬，并伴有热痛感觉，此为组织间有血肿、脓肿或淋巴外渗；按压时感觉柔软，稍有弹性且不时发出细小捻发音，并有气泡向临近组织窜动感，为皮下聚集大量气体所致。

触诊瘤胃或真胃内容物的性状及腹水的波动时，常以一手放在羊的背腰部作支点，另一只手四指伸直并拢，垂直放在被检部位，指端不离开体表，用力做短而急促的触压。触诊网胃区（剑状软骨后方）或瓣胃区（羊右侧第 7 ~ 9 肋间和肩关节水平线上下）时，如发生前胃疾患，病羊会感觉疼痛，即哞叫、呻吟或表现骚动不安。

5.叩诊 通过用手指或叩诊器（叩诊锤和叩诊板），叩打羊的体表相应部位所发出不同的声音，判断其被叩击的组织、器官，有无病理变化的一种诊断方法。

（1）基本叩诊音：叩诊健康羊可发出四种基本叩诊音：①清音即叩击健康羊的胸廓时，发出持续、高而清亮的声音。②浊音即叩击健康羊的臀部、肩部肌肉及不含空气的脏器时，发出弱而钝浊的声音。当羊胸腔聚集大量渗出液时，叩打胸壁，可出现水平浊音界。③半浊音是介于浊音和清音之间的一种声音。叩打肺部的边缘时，即可产生半浊音。患支气管肺炎时，肺泡含气量减少，叩诊肺部，可产生半浊音。④鼓音即叩打含有一定量气体的腔体时，可产生类似击鼓音，如叩诊左侧瘤胃的上部，可发出鼓音，当瘤胃臌气时，则鼓音增强。

（2）叩诊方法：①手指叩诊法即检查者以左手食指和中指紧密贴在被检处，充当叩诊板。右手的中指稍弯曲，以中指指尖或指腹做叩诊锤，向左手的第二指节上叩打，则可听到被检部位的叩诊声音。此法适用于对羔羊及瘦弱成年羊的检查。②用叩诊器叩诊即选用人医用的小型叩诊锤和叩诊板，以左手拇指和食指（或中指）固定叩诊板，注意叩诊板一定要紧贴体表，右手握锤，用同等的力量垂直做短而急的叩打。辨别其声音类型，并注意与对侧进行比较。

6.听诊 直接或间接听取体内各种脏器所发出声音的性质，进而推断其病理变化的方法。临床上常用于心脏、肺脏及胃肠病的检查。

（1）听诊方法：①直接听诊法即用一块大小适当的布（听诊布）贴在被检部位，检查者将耳朵直接贴在布上进行听诊。此法常用于胸、肺部的听诊，其效果往往优于间接听诊。②间接听诊法是借助听诊器进行听诊。听诊器的头端要紧贴于体表，防止相互间摩擦而影响效果。

（2）羊体各器官的听诊：羊不同的器官的听诊有助于诊断不同的疾病。

第一是心脏的听诊。心脏的听诊区位于羊左侧肘突内的胸部。健康羊的心脏随着心脏的收缩和舒张,产生"嘣"第一心音和"咚"第二心音,第一心音低而钝、长,与第二心音的间隔时间较短,听诊心尖部清楚。第二心音高而锐、短,与第一心音的间隔时间较长,听诊心的基部明显。两个心音构成一次心搏动。听诊时要注意两个心音的强度、节律、性质有无异常。

当第一、二心音均增强时,见于热性病的初期;第一、二心音均减弱时,见于心脏机能障碍的后期或患有渗出性胸膜炎、心包炎;第一心音增强,并伴有明显的心搏动增强和第二心音的减弱,这主要见于心脏衰弱的晚期;单纯第二心音强,见于肺气肿、肺水肿和肾炎等病理过程。如在以上两种心音以外,听到其他杂音,如摩擦音、拍水音和产生第三心音(又称"奔马调"),多因胸膜炎、创伤性心包炎和瓣膜疾病所致。

第二是肺脏的听诊。听取肺脏在吸气和呼气时由肺部直接发出的声音。一般有下列五种。

肺泡呼吸音:听诊健康羊的肺部,在吸气时可听到"夫"的声音,呼气时可听到"呼"的声音。它是空气在毛细支气管与肺泡之间进出时发出的声音,其音性柔和。当病羊发烧时,呼吸中枢兴奋,局部肺组织代偿性呼吸加强,出现肺泡呼吸音增强和肺泡呼吸音过强,多为支气管炎、支气管黏膜肿胀等。

支气管呼吸音:其声音较粗,类似"赫"的声音,在羊呼气时容易听到,在肺的前下部听诊较为明显。它是空气通过声门裂隙时所发出的声音。如果在广大肺区都可听到支气管呼吸音,而且肺泡呼吸音相对减弱,则为支气管呼吸音增强,多见于肺炎的肝变期,如羊传染性胸膜肺炎等。

干性罗音:是支气管发炎时分泌物黏稠或炎性水肿造成狭窄时,听到的类似笛音、哨音、"咝咝"声等粗糙而响亮的声音,常见于慢性支气管炎、支气管肺炎、肺线虫病等。

湿性罗音:当支气管内有稀薄的分泌物时,随呼吸气流形成的类似漱口音、沸腾音或水泡破裂音。常见于肺水肿、肺充血、肺出血、各种肺炎和急性支气管炎等。

捻发音:当肺泡内有少量液体存在时,肺泡随气流进出而张开、闭合,此时即产生一种细小、断续、大小相等而均匀,似用手指捻搓头发时所发出的声音。肺实质发生病变时,如慢性肺炎、肺水肿等可出现这种呼吸音。

摩擦音：类似粗糙的皮革互相摩擦时发出的断续性的声音。常见有两种情况：一种是发生在肺脏与胸膜之间称胸膜摩擦音。多见于纤维素性胸膜炎、胸膜结核等，此时胸膜发炎，有大量纤维素沉积，使胸膜变得粗糙，当呼吸运动时互相摩擦而发出声音；另一种是心包摩擦音，在纤维素性心包炎时，听诊心区，有伴随心脏跳动的摩擦音。

第三是腹部的听诊。主要是听取腹部胃肠蠕动的声音。在健康羊的左侧肷窝处可听到瘤胃的蠕动音，声音由远而近、由小到大的劈啪、沙沙音，到蠕动高峰时，声音由近而远、由大到小，直至停止蠕动，这两个过程为一次收缩运动。经过一段休止后再开始下一次的收缩运动，平均每2分钟4～6次。当羊发生前胃弛缓或患发热性疾病时，瘤胃蠕动音减弱或消失。在健康羊的右侧腹部，可听到短而稀少的流水音或漱口声，即为肠蠕动音。当羊患肠炎的初期，肠音亢进，呈持续高昂的流水声；发生便秘时肠音减弱或消失。

（二）病理剖检

病理剖检是羊病现场诊断比较重要的一种诊断方法。羊发生了传染病、寄生虫病或中毒性疾病时，器官和组织常呈现出特征性病理变化，通过剖检，就可迅速做出诊断。如羊患炭疽病时，表现尸僵不全，迅速腐败、膨胀，全身出血，血呈黑色、凝固不良，脾脏肿大2～5倍，淋巴结肿大等。羊患肠毒血症时，除肠道黏膜出血或溃疡外，肾脏常软化如泥。山羊患传染病胸膜肺炎时，肺实质发生肝变，切面呈大理石样变化。羊患肝片吸虫病时，胆管常肥厚扩张，呈绳索状，突出于肝的表面，胆管内膜粗糙不平等。在实践中，有条件应尽可能剖检病羊尸体，必要时可剖杀典型病羊。除肉眼观察外，必要时采取病料，进一步作病理组织学检查。

1.尸体剖检注意事项　剖检所用器械要预先经煮沸消毒。剖检前对病羊或病变部位仔细检查。如怀疑炭疽病时，严禁剖检，先采耳尖血涂片镜检，当排除炭疽病时方可剖检。剖检时间愈早愈好（不超过24小时），特别是在夏季，尸体腐败后，影响观察和诊断。剖检时应保持清洁，注意消毒，尽量减少对周围环境和衣物的污染，并做好个人防护。剖检后将尸体和污染物作深埋处理。在尸体上撒上生石灰或洒上10%石灰乳、4%氢氧化钠、5%～20%漂白粉溶液等。污染的表层土壤铲除后投入坑内，埋好后对埋尸地面要再次进行消毒。

2.剖检方法和程序 为了全面而系统地检查尸体内所呈现的病理变化，尸体剖检必须按照一定的方法和程序进行。尸检程序通常为：外部检查→剥皮与皮下检查→腹腔剖开与检查→骨盆腔器官的检查→胸腔剖开与检查→脑和脊髓取出与检查→鼻腔剖开与检查→骨、关节与骨髓的检查。

（1）外部检查：主要包括羊的一般情况（品种、性别、年龄、毛色、特征、营养状况、皮肤等）、死后变化、天然孔（口、眼、鼻、耳、肛门和外生殖器）与可视黏膜。

（2）剥皮与皮下检查：第一是剥皮方法。尸体仰卧固定，由下颌间隙经过颈、胸、腹下（绕开阴茎或乳房、阴户）至肛门做一纵切口，再由四肢系部经其内侧至上述切线分别做四条横切口，然后剥离全部皮肤。

第二是皮下检查。应注意检查皮下脂肪、血管、血液、肌肉、外生殖器、乳房、唾液腺、舌咽、扁桃体、食管、喉、气管、甲状腺、淋巴结等的变化。

（3）腹腔的剖开与检查：第一，腹腔剖开与腹腔脏器采出。剥皮后，让尸体左侧卧位，从右侧肷窝部沿肋骨弓至剑状软骨切开腹壁，再从髋结节至耻骨联合切开腹壁。将此三角形的腹壁向腹侧翻转，即可暴露腹腔。检查有无肠变位、腹膜炎、腹水或腹腔积血等异常。在横隔膜之后切断食道，用左手插入食道断端握住食道，向后牵拉，右手持刀将胃、肝脏、脾脏背部的韧带和后腔静脉、肠系膜根部切断，腹腔脏器即可取出。

第二，胃的检查：在沿皱胃小弯瓣皱胃孔→瓣胃大弯→网瓣胃孔→网胃大弯→瘤胃背囊→瘤胃腹囊→食管→右纵沟切开的同时，注意内容物的性质、数量、质地、颜色、气味、组成及黏膜的变化。特别应注意皱胃的黏膜炎症和寄生虫，瓣胃的阻塞状况，网胃内的异物、刺伤或穿孔，瘤胃的内容物。

第三，肠道检查：检查肠外膜后，沿肠系膜附着缘对侧剪开肠管，重点检查内容物和肠系膜，注意内容物的质地、颜色、气味和黏膜的各种炎症变化。

第四，肝脏、胰脏、脾脏、肾脏与肾上腺的检查：主要检查这些器官的颜色、大小、质地、形状、表面和切面等有无异常的变化。

（4）骨盆腔器官的检查：除输尿管、膀胱、尿道外，重点是公畜的精索、输精管、腹股沟、精囊腺、前列腺及外生殖器官，母畜的卵巢、输卵管、子宫角、子宫体、子宫颈与阴道。注意观察上述器官的位置和表面、内部的异常变化。

（5）胸腔的剖开与检查：第一，胸腔的剖开。可切割两侧肋骨与肋软骨交接处，除去胸骨；也可在肋骨与肋软骨的连接处，切断肋骨，再在肋骨上端锯断所有肋骨，并切断横膈，就可整片掀除一侧胸壁或用扭脱肋骨小头的办法，一根根地除去肋骨。

第二，胸腔器官的检查。割断前腔静脉、后腔静脉、主动脉、纵隔和气管等同心脏、肺脏的联系后，将心脏、肺脏一同取出。

心脏检查，应注意观察心包液的数量、颜色，心脏的大小、形状、软硬度，心室和心房充盈度，心内、外膜的变化。

（6）脑的取出与检查：先沿两眼的后缘用锯横行锯断，再沿两角外缘与第一锯相接锯开，并于两角的中间纵锯一正中线，然后两手握住左右角，用力向外分开，使颅顶骨分成左右两半，即可露出脑。应注意检查脑膜、脑脊液、脑回和脑沟的变化。

（7）关节检查：尽量将关节弯曲，在弯曲的背面横切关节囊。注意囊壁的变化，确定关节液的数量、性质及关节面的状态。

（三）实验室诊断

实验室诊断是羊病综合诊断的重要诊断方法之一。其主要内容包括病料的采集、保存、包装和运送，细菌学检查，病毒学检查，寄生虫学检查及病理学检查等内容。实验室诊断是在流行病学调查、临床诊断及病理剖检等初步诊断的基础上进行的，是最后确诊的重要手段。

尽管一般养殖场不能进行实验室诊断，但了解病料的采取方法还是必要的。

1.器械的消毒　采集病料时所用的刀、剪、镊子、注射器、针头等应预先煮沸30分钟；金属器械使用前要在火焰上烧一下；玻璃器皿用高压灭菌或干烤箱灭菌；软木塞、橡皮塞置于0.5%石炭酸水溶液或1%碳酸钠水溶液中煮沸10分钟。每采取一种病料，使用一套器械或容器，互相不能混用。

2.病料的采取　在病羊临死或死后数小时内（不超过6小时）采取，否则尸体腐败后难以得到正确的检查结果。采取病料的全部过程必须是无菌操作。病理剖检应在取材完毕后进行。

需要采取的病料和采取方式，根据传染病的种类选择。如败血性传染病，可采取心脏、肝脏、脾脏、肾脏、淋巴结和胃肠等部位；肠毒血症，常采取回肠、结肠前段及内容物；羊布氏杆菌病，常采取胎儿胃内容物及羊水、胎膜、胎盘的坏死部分；有神经症状的传染病，如狂犬病、李氏杆菌病主要采取脑、脊髓液等；如果难以估计是哪种传染病，应进行全面采取。

病料采取后，应立即送有关单位进行实验室诊断。

羊病治疗的关键技术

关键技术

羊病的治疗方法主要有药物治疗和手术治疗。常用的给药方法有口服给药、胃管投药、注射给药（皮下注射、肌肉注射、静脉注射和瘤胃穿刺注药）、灌肠和药浴等。

根据药物的种类、性质、使用目的以及动物的饲养方法，选择适宜的用药方法。临床上一般采用以下给药方法。

（一）口服给药

口服给药方法简便，适合大多数药物，可发挥药物在胃肠道的作用，如肠道抗菌药、驱虫药、制酵药、泻药等常常采用口服；有的生物制品口服后，反应轻微，亦在临床上应用。口服给药的缺点是药物受胃肠内容物影响较大，吸收不规则，显效慢；有些药物在未吸收前，可因胃肠酸碱度和消化酶的影响而被破坏，如青霉素口服；刺激性大的药物，可损伤胃肠黏膜；草食动物口服广谱抗生素（如土霉素），还易引起胃肠道内菌群失调和二重感染，也须慎重。此外在病情危急、昏迷、呕吐时也不能随便口服药物。

常用的口服方法有灌服、饮水、混到饲料中喂服、舔服等，应在饲喂前服用的药物有苦味健胃药、收敛止泻药、胃肠解痉药、肠道抗感染药物、利胆药；应空腹或半空腹服用的药物有驱虫药、盐类泻药；刺激性强的药物应在饲喂后服用。

1.自由采食法　多用于大群羊的预防性治疗或驱虫，将药物按一定比例拌入饲料或饮水中，任羊自由采食或饮用。大群羊用药前，最好先做小批羊用药后的毒性及药效试验。

（1）混饲给药：将药物均匀混入饲料中，让羊吃料时能同时吃进药物。此法简便易行，适用于长期投药。不溶于水的药物用此法更为适宜。应用此法时，要注意药物与饲料的混合必须均匀，并应准确掌握饲料中药物所占的比例；有些药适口性差，混饲给药时要少添多喂。

（2）混水给药：将药物溶解于水中，让羊只自由饮用。有些疫苗也可用此法投服。对因病不能吃食但还能饮水的羊，此法尤其适用。采用此法须注意根据羊可能饮水的量，计算药量与药液浓度。在给药前，一般应停止饮水半天，以保证每只羊都能饮到一定量的水。所用药物应易溶于水。有些药物在水中时间长了易分解变质，此时应限时饮用药液，以防药物失效。

2.长颈瓶投药法 适用于稀释后的药液。将药液装入长颈的橡皮瓶、塑料瓶或酒瓶内，抬高羊的头部，使口角与眼呈水平状态，操作者右手持药瓶，左手用食、中二指自羊右口角伸入口中，轻轻按压舌面，羊口即张开。然后右手将药瓶口从右口角插入羊口中，并将左手抽出，待瓶口伸到舌面中部，即可抬高瓶底将药物灌入。

3.药板投药法 专用于舔剂，将药物按一定剂量混入面糊内，做成舔剂。投药时应使用表面光滑、无棱角的竹制或木制的舌形药板。操作者站在羊的正面，用左手的食、中二指自羊右口角伸入口中，压住舌面，同时大拇指抵住上颌或将舌拉出，使口张开。右手持药板，用药板的端部抹取药物，迅速从右口角送入口内达舌根部，翻转药板，把药抹在舌根部，待羊咽下后再抹第二次，如此反复进行直至把药给完。此法也可以用于丸剂或片剂的投服，可不使用药板，直接以右手将药丸或药片送到舌根部即可。

（二）胃管投药

有两种方法，一是经鼻腔插入；二是经口腔插入。

1.经鼻腔插入 先将胃管插入鼻孔，沿下鼻道慢慢送入，到达咽部时，有阻挡感觉，待羊进行吞咽动作时趁机送入食道；如不吞咽，可轻轻来回抽动胃管，诱发吞咽。胃管经过咽部后，如进入食道，继续深送感到稍有阻力，这时要向胃管内用力吹气，或用橡皮球打气，如见左侧颈沟有起伏，表示胃管已进入食道。如胃管误入气管，多数羊会表现不安，咳嗽，继续深送，毫无阻力，向胃管内吹气，左侧颈沟看不见波动，用手在羊左侧颈沟胸腔入口处摸不到胃管，同时，胃管末端有与呼吸一致的气流出现。如胃管已进入食道，继续深送，即可到达胃内，此时从胃管内排出酸臭气体，将胃管放低时则流出胃内容物。

2.经口腔插入　先装好木质开口器，用绳固定在羊头部，将胃管通过木质开口器的中间孔，沿上腭直插入咽部，借吞咽动作胃管可顺利进入食道，继续深送，胃管即可到达胃内。

胃管插入正确后，即可接上漏斗灌药。药液灌完后，再灌少量清水，然后取掉漏斗，用嘴吹气，或用橡皮球打气，使胃管内残存的药液完全入胃，用拇指堵住胃管管口，或折叠胃管，慢慢抽出。该法适用于灌服大量水剂及有刺激性的药液。患咽炎、咽喉炎或咳嗽严重的病羊，不可用胃管灌药。

（三）注射给药

注射给药是将各种注射剂型的药液，使用注射器或输液器，注入羊的体内。注射前应将注射器和针头等用清水冲洗干净，煮沸30分钟消毒后方可使用。

1.皮内注射　主要用于皮内变态反应诊断，常在羊的颈部两侧部位，局部剪毛，碘酊消毒后，使用小型针头，以左手大拇指和食指、中指固定（绷紧）皮肤，右手持注射器，使针头几乎与注射部位的皮肤表面呈平行方向刺入，至针头斜面完全进入皮内后，放松左手，在针头与针筒交接处压迫固定针头，右手注入药液，至皮肤表面形成一个小圆形丘疹即可。

2.皮下注射　注射部位，羊多在颈侧或股内侧等皮肤容易移动的部位。此法常用于易溶、无刺激性的药物及某些疫苗等注射，如阿托品、肾上腺素、阿维菌素、炭疽芽孢苗等。注射方法：局部剪毛消毒后，术者左手拇指和中指捏起皮肤，使皮肤形成一皱褶，右手持注射器，使针头与皮肤成30°角，在皱褶基部刺入针头达皮下，如针头能左右自由活动，即可注入药液。注药时，左手固定住针头与注射器的结合部，防止药液漏出，右手将药液推进。注射完毕后左手轻压皮肤，右手拔出针头，局部涂布5%碘酊消毒注射部位。当羊骚动不安或用玻璃注射器注射时，一般先将针头刺入皮下，然后再安上注射器进行注射。

3.肌肉注射　羊的肌肉注射部位在颈侧肌肉丰满处，此法适用于刺激性较大、吸收缓慢的药液，如青霉素、链霉素和各种油剂以及一些疫苗的注射。注射时，左手大拇指、食指分开，压紧注射部位的皮肤，右手持注射器，使针头与皮肤垂直，迅速刺入肌肉内。注入药物前，先将注射器的内塞回抽一下，如无回血，即可缓慢注入药液。

4.静脉注射　当需药物迅速发生药效，或药物有强烈刺激性，不适合进行肌肉、皮下注射时可进行静脉注射。羊的注射部位一般在颈静脉中、上1/3交界处。方法是注射部位剪毛、消毒后，用左手大拇指按压住颈静脉的近心端，使其怒张，其余四指在颈的对侧固定。右手持针头或注射器，在左手拇指压迫点的上方约2厘米处，将针头与颈静脉成45°角（向斜上方）刺入静脉内，见有回血后，松开左手，再将药液慢慢注入静脉内。注射完毕后，左手按压针孔，右手拔出针头，然后左手再继续按压片刻，最后，再用碘酊消毒注射部位皮肤和针孔。如注入的药液量大，也可使用输液器进行静脉输液。

5.气管内注射　该法是将药液直接注入气管内。常用于碘液的注射，以治疗羊的肺线虫等肺部疾病。注射时羊多取侧卧保定，并使后躯低于前部。注射部位在喉头的下方，气管上1/3处，以左手食指摸清气管软骨环之间，局部消毒后，以大拇指和中指固定皮肤，右手持注射器刺入气管内，抽动活塞，见有气泡时即可注入药液。如欲使药液注入两侧肺中，需隔天将羊翻转，卧于另一侧，以同样方法注射药液。

6.瘤胃穿刺注药法　当羊发生瘤胃臌气时可采用本法，穿刺部位在左肷窝中央或臌气的最高处。方法是局部剪毛、碘酊消毒后，将皮肤稍向上移，将套管针头向下，向右侧肘的方向刺透皮肤及瘤胃胃壁，左手固定套管针，右手拔出套管针芯，使气体缓缓放出。如无专用套管针，也可使用较粗的盐水针头代替套管针。放气完毕，可从套管针孔注入止酵防腐药。最后用左手指压紧皮肤，右手迅速拔出针管或针头，穿孔处再用碘酊涂擦消毒。

（四）灌肠

羊一般采取站立保定，配好的灌肠液应与体温相一致，盛于盆内。选用小型胃管或一端磨圆的橡皮管，前端涂上凡士林或植物油插入直肠内，另一端接上漏斗，加入灌肠液后，高举漏斗以增大灌肠液的压力，使其压入直肠内。灌肠完毕后一手压住肛门和尾根，另一只手的手指掐压羊的腰荐部，以防药液的流出，停留一段时间后，再松手拔出橡皮管。

（五）皮肤、黏膜给药

通过皮肤和黏膜吸收药物，使药物在局部或全身发挥治疗作用。常用的给药方法有滴鼻、点眼、刺种、毛囊涂擦、皮肤局部涂擦、药浴、浇泼、埋藏等。刺激性强的药物不宜用于黏膜。

(六)药浴

药浴的目的是预防和治疗羊体外寄生虫病，如疥癣、羊虱等。根据药液利用方式的不同，可分为池浴、淋浴、盆浴三种药浴方式。池浴、淋浴在羊较多的地区比较普遍，盆浴多在羊数量较少的情况下采用。

1.药浴的时间　在有疥癣病发生的地区，对羊只每年可进行2次药浴。治疗性药浴，在夏末秋初进行。冬季对发病羊只可选择暖和天气，用药液局部涂擦。

2.药浴液的配制　目前，羊常用的药浴液有：0.05%氧硫磷乳油（100千克水加50%辛硫磷乳油50克）；0.5% ~ 1%敌百虫水浴液；螨净、舒利保等。药液配制应使用饮用水，加热到60 ~ 70℃，药浴时药液温度为20 ~ 30℃。

3.药浴方法

（1）池浴法：药浴时一个人负责推引羊只入池，另一个人手持浴叉负责在池边照护，遇有背部、头部没有渗透的羊将其压入药液内浸湿；当有拥挤互压现象，要及时拉开，以防药液呛入羊肺或淹死在池内。羊只在入池2 ~ 3分钟后即可出池，使其在广场停留5分钟后再放出。

（2）淋浴法：是在池浴的基础上进一步改进提高后形成的药浴方法，优点是浴量大，速度快，节省劳力，比较安全，药浴质量高。目前我国许多地区都已逐步采用。淋浴前应先清洗好淋场进行试淋，待机械运转正常后，即可按规定浓度配制药液。淋浴时先将羊群赶入淋场，开动水泵进行喷淋，经2 ~ 3分钟淋透全身后即可关闭水泵，将淋毕的羊只赶入滤液栏中，经3 ~ 5分钟可放出。

（3）盆浴法：是在适当的盆或缸中配好药液后，用人工方法将羊只逐个洗浴的方法。

4.药浴注意事项　药浴应选在晴朗、暖和、无风天气，于日出后的上午进行，以便药浴后，羊毛很快干燥。羊在药浴前8小时停止饲喂，入浴前2 ~ 3小时饮足水，防止羊口渴误饮药液。药浴前，应选用品质较差的羊3 ~ 5只试浴，无中毒现象，才按计划组织药浴。先浴健康羊，后浴病羊，妊娠2个月以上的母羊或有外伤的羊暂时不浴。药液应浸满全身，尤其是头部。药浴后羊在阴凉处休息1 ~ 2小时，即可放牧，如遇风雨应及早赶回羊舍，以防感冒。药浴结束后2小时内不得母子合群，防止羔羊吮乳时中毒。药浴在剪毛后7～10天进行较好，过迟过早效果都不好。对患疥癣病的羊，第一次药浴后隔1～2周重复药浴1次。羊群若有牧羊犬，也应一并药浴。药浴期间，工作人员应配戴口罩和橡皮手套，以防中毒。药浴结束后，药液不能任意倾倒，以防动物误食而中毒，应清除后深埋地下。

二、羊的细菌性传染病

羊炭疽

关键技术

诊断：常在夏季雨后发生，突然发病，眩晕，天然孔出血，很快死亡；死后尸僵不全，血液凝固不良；血液涂片用瑞氏或姬姆萨氏染色后镜检，发现有多量的单个、成双或短链、带有荚膜、菌端平直的粗大杆菌，即可确诊。

防治：对经常发生炭疽及受威胁地区的羊，每年用无毒炭疽芽孢苗或第2号炭疽芽孢苗作预防接种；对病羊用抗炭疽血清与青霉素进行治疗。

本病是由炭疽杆菌引起的人、畜共患的急性、热性、败血性传染病。羊多呈最急性经过，突然发病，眩晕，天然孔出血。炭疽杆菌可形成芽孢，芽孢对外界具有很强的抵抗力，在干燥的环境中可存活12年以上，在土壤内经过30多年仍有生存的芽孢。临床上常用20%漂白粉、0.5%过氧乙酸或10%热火碱水消毒。

（一）诊断要点

1.流行特点　各种家畜及人都可感染发病，其中羊最易感。主要传染源是病羊，在病羊的分泌物、排泄物和天然孔流出的血液中含有大量的菌体。当尸体处理不当，炭疽杆菌可形成芽孢并污染土壤、水源、牧草。由于该菌形成芽孢后对外界的抵抗力很强，干燥环境中可存活12年以上，在土壤中经30多年仍有生存的芽孢，从而使本地区成为长久的疫源地。

羊吃了被污染的饲草或饮水即可感染发病，也可经呼吸道和吸血昆虫叮咬而感染。本病多为散发或呈地方性流行，常在夏季雨后发生，在发生过炭疽的地区，有可能年年发病。

2.症状　本病潜伏期1～5天，有的可长达14天。病羊表现神志昏迷，磨牙、躯体摇摆、全身战栗（发抖）、倒地、呼吸困难，可视黏膜呈紫红色，口鼻流出血色泡沫，肛门、阴门流出黑红色血液，且不易凝固，在数分钟内即可死亡。当羊的病情稍缓和时，表现兴奋不安，脉搏、呼吸加快，体温可升高到40.5～42.5℃，高热不退，黏膜呈红紫色，到后期全身痉挛，天然孔出血，数小时内死亡。

3.病变　病羊死后可见尸僵不全，尸体迅速腐败而极度膨胀，天然孔流血，血液呈酱油色煤焦油样，凝固不良，可视黏膜呈蓝紫色，有出血点。脾脏明显肿大，皮下和浆膜下结缔组织呈出血性胶样浸润。

凡是急性死亡，天然孔有出血而怀疑为炭疽的病羊严禁剖检。

羊炭疽发生急剧，死亡很快，加上炭疽病严禁剖检，仅根据流行病学和临床症状很难确诊，所以在诊断时必须结合细菌学和血清学的实验室检查做最后确诊。

采取临死前或刚死后病羊的末梢血管（耳、四肢）的血液涂片。必要时可做局部解剖，采取小块脾脏进行涂片，尸体的切口要用0.2%升汞或5%石炭酸浸透的棉花或纱布塞好。涂片用瑞氏或姬姆萨氏染色后，在显微镜下观察，若发现有多量的单个、成双或短链、带有荚膜、菌端平直的粗大杆菌，再结合临床症状，即可确诊。有条件的可进行细菌分离培养和炭疽环状沉淀反应。

（二）鉴别诊断

羊炭疽与羊快疫、羊肠毒血症、羊猝狙、羊黑疫在临床症状上相似，都是突然发病，病程短促，很快死亡，应注意鉴别。

1.羊快疫 用病羊肝脏被膜触片，美蓝染色，镜检可发现无关节长链状的腐败梭菌。

2.羊肠毒血症 在病羊肾脏等实质器官内可见 D 型魏氏梭菌，在肠内容物中能检出魏氏梭菌 ε 毒素。

3.羊猝狙 用病羊体腔渗出液和脾脏抹片，可见 C 型魏氏梭菌，从小肠内容物中能检出魏氏梭菌 β 毒素。

4.羊黑疫 用病羊肝坏死灶边缘组织抹片镜检，可见两端钝圆、粗大的 B 型诺维氏梭菌。

（三）预防措施

1.预防 预防本病的关键是对经常发生炭疽及受威胁地区的羊，每年用无毒炭疽芽孢苗（仅用于绵羊，皮下接种0.15毫升）或第2号炭疽芽孢苗（绵羊、山羊均可用，皮下接种1毫升）作预防注射。

当有炭疽病发生时，要及时隔离病羊，对污染的羊舍、地面及用具要立即用10%热火碱水或20%漂白粉溶液喷洒消毒，每隔1小时喷洒1次，连续3次。对同群的未发病羊，使用青霉素连续注射3天，有预防作用。

2.治疗 由于病羊常呈最急性经过，病程短，往往来不及治疗。对病程稍缓者，必须在严格隔离的条件下进行治疗。治疗本病的关键是抗炭疽血清与青霉素联合应用。初期使用抗炭疽血清，羊每次40~80毫升，静脉或皮下注射。第一次注射剂量应适当加大，经12小时后再注射1次。炭疽杆菌对青霉素、土霉素敏感，其中青霉素最常用，剂量为每千克体重1.5万单位，每隔8小时肌肉注射1次，临床实践证明，抗炭疽血清与青霉素联合应用效果更好。

破伤风

关键技术 ————————————————————————

诊断：病羊有创伤史和典型的全身强直、对外界刺激反射兴奋性增高、体温正常等症状。

防治：对病羊首先加强护理，对创伤局部进行外科处理，然后应用血清和药物进行治疗。在发生外伤、阉割或处理羔羊脐带时，及时应用5%碘酊严格消毒，并用破伤风抗毒素（血清）进行皮下或肌肉注射。

破伤风又称"锁口风"、"强直症"。本病是由破伤风梭菌引起的一种急性、创伤性、人畜共患的中毒性传染病。发病后主要表现骨骼肌持续性痉挛和对外界刺激反射兴奋性增高。

该病原菌可形成芽孢，其抵抗力很强，且耐热，在土壤中可存活几十年；10%碘酊、10%漂白粉及30%双氧水能很快将其杀死。本菌对青霉素敏感，磺胺药次之，链霉素无效。

（一）诊断要点

1.流行特点 破伤风梭菌在自然界中广泛存在，羊常因断角、断尾、断脐、去势和其他创伤（如剪毛）或擦伤而感染，特别是创口小、创腔深而狭窄的创伤，如刺伤、钉伤等。该病菌最适合在缺氧的环境下生长繁殖，并产生大量的毒素，该毒素作用于中枢神经系统而发病。在临床上有些病例往往找不到创伤，这种情况可能是该病在潜伏期中创口已经愈合，也可能是经胃肠黏膜的损伤而感染。本病多以散发形式发生。

2.症状 病初症状不明显，仅表现起卧困难，精神不振。随着病情的发展，出现本病的特殊症状，如四肢强直，运步困难（高跷步态），头颈伸直，角弓反张，牙关紧闭，流涎，肋骨突出，尾直，常有轻度腹胀，先腹泻后便秘。突然的声响，可使骨骼肌发生痉挛，甚至使病羊倒地。体温一般正常，仅在死前体温上升至42℃以上，死亡率很高。

3.病变 病羊死后无特殊有诊断价值的病理变化。

通过流行病学和典型的临床症状即可做出诊断，确诊须进行细菌分离和鉴定，结合动物实验进行实验室诊断。

（二）鉴别诊断

对经过较慢的轻症病例或当病初症状不明显时，应注意与下列疾病相鉴别。

1.急性肌肉风湿症 在受害部位发生肌肉强硬，如头颈伸直或四肢不灵活、僵硬，很像破伤风。但检查体温可见升高（1℃以上），病部肌肉有痛感和结节性肿胀，缺乏应激性增高、牙关紧闭和瞬膜外露等症状，用水杨酸制剂疗效较好。

2.脑炎、狂犬病等 这类疾病有时也有牙关紧闭、角弓反张、肌肉痉挛等症状，但瞬膜不突出，意识扰乱或昏迷，并有麻痹现象。另外，这些病例也有应激性增高表现，但受刺激后，远处肌肉并不强直。

（三）防治措施

1.预防 本病是经创伤感染而发病的，因此预防本病的关键是平时要注意饲养管理，防止发生外伤。一旦发生外伤，或在阉割及处理羔羊脐带时，应及时用5%碘酊严格消毒，并用破伤风抗毒素（血清）5 000～1万单位进行皮下或肌肉注射。

2.治疗 治疗本病的关键是早发现，早治疗，并在治疗时采取综合措施，即加强护理、创伤处理和药物治疗三个方面，这样才能有希望痊愈。

（1）加强护理：首先将病羊置于僻静、光线较暗的厩舍内，避免受到惊动，并给予易消化的饲料和充足的饮水；不能采食者，用胃管灌服半流质食物。

（2）创伤局部处理：对伤口要及时扩创，彻底消除伤口内的异物和坏死组织，然后用3%的过氧化氢（双氧水）、1%高锰酸钾或5%～10%碘酊冲洗创腔，再撒以碘仿硼酸合剂，在创伤周围注射青霉素和链霉素；或用烧红的烙铁烧烙伤口。

（3）药物治疗：病初可先静脉注射4%乌洛托品5～10毫升，再用破伤风抗毒素5万～10万单位静脉或肌肉注射，以中和毒素。为了缓解肌肉痉挛，可使用氯丙嗪以每千克体重0.002毫克剂量，或用25%硫酸镁注射液10～20毫升肌肉注射，同时配合5%碳酸氢钠100毫升静脉注射。当牙关紧闭，开口困难时，可用2%普鲁卡因5毫升和0.1%肾上腺素0.1～1毫升混合注入两侧开关、锁口穴位。如不能采食，可进行补液（用复方氯化钠较好）、补糖。当发生便秘时，可用温水灌肠或投服盐类泻剂。

另外，在应用上述疗法的同时，配合应用中草药治疗，能缓解症状，缩短病程。应用"防风散"，即防风8克，天麻5克，羌活8克，天南星7克，炒僵蚕7克，清半夏4克，川芎4克，炒蝉蜕7克，水煎2次，将2次的药液混在一起，待温加黄酒50克，胃管投服，连服3剂，隔天1次。该方剂可适当加减，当创伤在头部，重用白芷；伤在四肢加独活5克；瞬膜外露严重者，重用防风、蝉蜕；流涎量多者，重用僵蚕、半夏；牙关紧闭者，加蜈蚣1～2条，乌蛇3～6克，细辛1～2克。

羊副结核病

诊断： 在冬春枯草季节多发，表现间歇性腹泻、进行性消瘦、肠黏膜增厚并形成皱襞；实验室镜检可见有大量的红色细小杆菌，多数成堆聚集或呈丛排列即可确诊。

防治： 本病无治疗价值。预防本病的关键是做好检疫和消毒工作，对出现临床症状或变态反应阳性的病羊，及时淘汰；对病羊的圈舍、用具等可用20%漂白粉或20%石灰乳彻底消毒，并空闲1年后再引入健康羊只。

副结核病又称副结核性肠炎，是牛、羊的一种慢性接触性传染病。其特征为间歇性腹泻、进行性消瘦、肠黏膜增厚并形成皱襞。

病原为副结核分枝杆菌，它对外界环境及酸碱有较强的抵抗力，在污染的牧场、圈舍中可存活数月，对热及紫外线敏感，75%酒精和10%漂白粉能很快将其杀死。

（一）诊断要点

1.流行特点 该菌主要存在于病畜的肠黏膜和肠系膜淋巴结，通过粪便排出，污染饲料、饮水等，经消化道感染。本病分布广泛，幼龄羊的易感性较大。大多数病例是在幼龄时感染，经过很长的潜伏期（数年或数月），到成年时才出现临床症状，特别是由于机体抵抗力减弱、饲料中缺乏无机盐和维生素时，容易发病。该病呈散发或地方性流行。在青黄不接、草料供应不上、羊只体质不良时，发病率上升；转入青草期，病羊症状减轻，病情好转。

2.症状 病羊体重逐渐减轻，间断性或持续性腹泻，粪便呈稀粥状，体温正常或略有升高；发病数日后，病羊消瘦、衰弱、脱毛、卧地，病后期可并发肺炎，多数以死亡而告终。

3.病变 剖检尸体常见极度消瘦，局部病变局限于消化道，可见空肠、回肠、盲肠和结肠前段，尤其是回肠后段，黏膜高度肿胀，其厚度约为正常的4倍多，并形成似脑回或花样的皱褶，黏膜呈黄白或灰白色，皱襞突起充血，其上覆有混浊黏液，相应的肠系膜淋巴结高度肿胀，有的真胃和直肠肠系膜淋巴结高度肿胀，有的真胃和直肠也出现明显的水肿变化。

（二）鉴别诊断

本病应与肠道寄生虫病、营养不良、沙门氏菌病等疾病相鉴别。

1.肠道寄生虫病　在粪检中可发现大量的虫卵，剖检胃肠道内有大量的寄生虫，肠黏膜缺乏副结核病的皱褶变化。

2.营养不良　多见于冬春枯草季节，病羊消瘦、衰竭；在早春抢青阶段，也会发生腹泻，但肠黏膜没有副结核病的病理变化。

3.沙门氏菌病　多呈急性或亚急性经过，粪便中可分离出致病性沙门氏菌。生前取病羊的直肠刮取物或粪便（尽可能取带黏液处），死后在无菌条件下刮取回肠和回盲瓣附近的肠黏膜，制成涂片，经用抗酸染色法染色后镜检，发现有大量的红色细小杆菌，多数成堆聚集或呈丛排列，更多见的是在巨噬细胞胞浆内充满了这样的细菌。根据它们的形态（细、小）、数量（大）和分布（成堆或丛）的特点，即可与肠道中的其他腐生性抗酸菌相区别，确认为副结核杆菌。

（三）防治措施

1.预防　预防本病的关键是采取综合防治措施，即对发病羊群用变态反应每年检疫4次，对出现临床症状或变态反应阳性的病羊，及时淘汰；感染严重、经济价值低的一般生产群应全部淘汰；对病羊的圈舍、用具等可用20%漂白粉或20%石灰乳彻底消毒，并空闲1年后再引入健康羊只。

2.治疗　本病无治疗价值。

山羊伪结核病

关键技术

诊断：局部淋巴结发生干酪样坏死，有时在肺脏、肝脏、脾脏和子宫角等处发生大小不等的结节，内含淡黄绿色干酪样物质。羔羊很少发病。细菌学检查，本菌菌落微溶血，易于推动；不液化凝固血清，石蕊牛乳无变化，接触酶阳性，即可确诊。

防治：选用敏感的抗生素早期进行治疗，体表脓肿可用外科方法治疗。平时应搞好环境卫生，定期带畜消毒；皮肤破伤后及时处理，发现病羊立即隔离治疗。

山羊伪结核病是由伪结核棒状杆菌感染所引起的一种接触性、慢性传染病，其特征是局部淋巴结发生干酪样坏死，有时在肺脏、肝脏、脾脏和子宫角等处发生大小不等的结节，内含淡黄绿色干酪样物质。

伪结核棒状杆菌为不规则、无芽孢革兰氏阳性杆菌，具有多形性。本菌对干燥有抵抗力，在自然环境中能存活很长时间，对热及多种消毒剂敏感。

（一）诊断要点

1.流行特点　伪结核棒状杆菌存在于土壤、肥料、肠道内和皮肤上，经创伤感染。本病多为散发，较少地方流行。

2.症状　羔羊中很少见，随着年龄增长，发病增多。感染初期，局部发生炎症，以后波及邻近淋巴结，淋巴结慢慢增大和化脓，脓汁无臭味，初期稀薄，以后逐渐变为牙膏样或干酪样。病羊一般没有临床症状，屠宰时才被发现。如体内淋巴结和内脏受波及时，病羊逐渐消瘦，衰竭，呼吸加快，有时咳嗽，最后导致恶病质而死亡。该病在头部和颈淋巴结发生较多，肩前、股前和乳房等淋巴结次之。

3.病变　剖检可见尸体消瘦，被毛粗乱、干燥，体表淋巴结肿大，内含干酪样坏死物；在肺脏、肝脏、脾脏、肾脏和子宫角等处有大小不一、数量不等的脓肿。

对动物特征性化脓病灶（无臭味、牙膏样脓汁）涂片染色镜检，如为革兰氏阳性，抗酸染色阴性，呈多形性形态学特征，可初步诊断为伪结核棒状杆菌。进一步用血琼脂平板分离培养，并加以鉴定。本菌菌落微溶血，易于推动；不液化凝固血清，石蕊牛乳无变化，接触酶阳性。据此，可与化脓棒状杆菌相区别。血清学试验，如抗溶血抑制试验、间接血凝试验、琼脂扩散试验等，也可用来诊断本菌所致疾病。

（二）防治措施

1.预防　预防本病的关键是平时应搞好环境卫生，定期用强力消毒灵（或消毒王）、菌毒敌等消毒剂带畜喷雾，消毒圈舍、槽具等；皮肤破伤后及时处理，发现病羊立即隔离治疗。

2.治疗 治疗本病的关键是选用敏感的抗生素早期进行治疗。病初可应用青霉素80万单位，生理盐水10毫升，混合溶解后，在肿胀部周围肌肉注射，每天2次，连用3天；据报道，乳用山羊在发病的早期用0.5%黄色素10毫升静脉注射有效，如与青霉素并用可提高疗效；磺胺类药物效果也较佳，可用20%磺胺嘧啶钠注射液10毫升，一次静脉注射；中药可选用蒲公英30克、紫花地丁25克、黄柏6克、黄芩6克、山栀9克、黄药子9克、白药子9克，煎水灌服，每天一剂，连用3天。体表脓肿较大时，可按一般外科常规处理，将脓肿连同包膜一并摘除。

羊坏死杆菌病

关键技术

诊断： 本病多发于低洼潮湿地区和多雨季节潮湿、圈舍内拥挤的羊只。病羊表现皮肤、皮下组织和消化道黏膜的坏死，有时在其他脏器上形成转移性坏死灶。细菌学检查可发现着色不均、呈串珠状细长丝形菌体或细长的杆菌，即可确诊。

防治： 改善饲料和卫生条件，避免皮肤、黏膜的损伤，及时清理场地上的粪便、污水，一旦发生外伤，及时用5%碘酊涂擦伤口；同时配合药物疗法。发病后一般在采用局部治疗的同时，根据羊只个体病情不同，还应配合全身疗法。

坏死杆菌病是畜禽共患的一种慢性传染病。在临床上主要表现为皮肤、皮下组织和消化道黏膜的坏死，有时在其他脏器上形成转移性坏死灶。

坏死梭杆菌是革兰氏阴性、严格厌氧的细菌，该菌至少可产生两种毒素，其外毒素皮下注射（兔）可引起组织水肿，静脉注射则两小时内死亡；内毒素皮下或皮内注射可导致组织坏死。本菌对理化因素抵抗力不强，对热及常用消毒剂敏感，在1%高锰酸钾、5%氢氧化钠、1%福尔马林、5%来苏尔或4%醋酸中15分钟可将其杀死，在60℃加温30分钟即可死亡。但在污染的土壤和粪尿中存活10～50天。

（一）诊断要点

1.流行特点 本菌广泛存在于自然界中，动物饲养场、被污染的土壤、沼泽地、池塘等处均可发现；此外还常存在于健康动物的口腔、肠道和外生殖器等处。羊主要通过损伤的皮肤黏膜而感染；本病呈散发和地方流行，多发生于低洼潮湿地区和多雨季节潮湿、圈舍内拥挤的羊只。

2.症状 绵羊坏死杆菌病多于山羊，因患病部位的不同，表现不同的症状。当病原菌侵害蹄部时，可引起腐蹄病，多为一侧肢患病，表现蹄间隙、蹄踵、蹄冠红肿热痛，而后溃烂，挤压肿烂部位有腐臭脓样液体流出。重症病例可引起深部组织坏死，蹄匣脱落，坏死也可波及腱、韧带和关节。羔羊可发生坏死性口炎，又称"白喉"，齿龈、颊、硬腭、舌及咽喉发生肿胀，上面覆盖的坏死物形成伪膜，伪膜脱落后露出溃烂面。轻症病例能很快恢复。重症病例若治疗不及时，往往由于内脏形成转移病灶，俗称"羊烂肝"、"烂肺病"，最终导致死亡。

3.病变 剖检病死尸体，可见肝脏质地较硬，均匀散布着蚕豆至胡桃大的坏死灶，颜色灰白，周围有红晕，界限明显。肝脏表面的病变常与腹腔接触的器官发生纤维素性炎症；肺脏实变，有大小不等的白色坏死灶，有的切面呈脓样或豆腐渣样，有的切面干燥，病变常和胸壁粘连，形成坏死性胸膜炎和心包炎；心脏肌肉散在着米粒大的圆形坏死灶，呈白色；瘤胃常有坏死灶，分布在食道沟和前腹囊，其病变似豆腐渣样，周围由高出的上皮包围着；坏死灶还涉及到胸骨、气管及喉头等部位。

从病羊的病灶与健康组织的交界处用无菌法采取病料涂片，以稀释石炭酸复红或复红—美蓝染色法染色镜检，可发现着色不均、呈串珠状细长丝形菌体或细长的杆菌，即可确诊。因病料多有污染，直接从病料中分离较困难，可按上述法采取病料做成悬液，注射于兔耳静脉内。感染家兔日渐消瘦，常在一周内死亡，内脏中有坏死性脓肿，此时再由肝脏病灶中分离培养和涂片镜检，进而做出正确诊断。

（二）防治措施

1.预防 预防本病的发生关键在于避免皮肤、黏膜的损伤，经常保持圈舍、环境及用具的清洁与干燥，及时清理场地上的粪便、污水，防止过度拥挤。一旦发生外伤，应及时用5%碘酊涂擦伤口，以防感染。当羊群出现本病时，应注意检查、隔离和治疗病羊。污染场地应铲土消毒，病羊的腐败组织、创液和污染用具，应及时销毁和消毒。羊群可通过10%～30%硫酸铜脚浴池，每日1～2次，连续3日。病愈羊只经21天后方可混群饲养。

2.治疗 治疗本病的关键是，改善饲养和卫生条件，消除发病诱因，同时配合药物疗法。一般在采用局部治疗的同时，根据羊只个体病情不同，还可配合全身疗法。

具体治疗方法是，首先清除坏死组织，用1%高锰酸钾溶液、3%过氧化氢溶液冲洗，也可用6%福尔马林、10%～30%硫酸铜、3%来苏尔或在20%食盐水中加1%高锰酸钾脚浴，然后用抗生素软膏或磺胺软膏涂抹。为了防止硬物刺激，可用绷带包扎患蹄。对坏死性口炎的治疗，先除去口腔内的伪膜，用0.1%高锰酸钾冲洗口腔，然后涂抹碘甘油或撒布冰硼散。当发生转移性病灶时，应进行全身治疗，以注射磺胺嘧啶或土霉素效果最好，连用5天，并配合强心解毒药物，可促进康复。

羊李氏杆菌病

关键技术

诊断：病羊神经系统紊乱，出现转圈运动，面部麻痹，怀孕羊发生流产。细菌学检查发现有革兰氏阳性，且呈"V"形排列或并列的细小杆菌，即可做出诊断。

防治：加强饲养管理，消灭鼠类和其他啮齿动物，定期驱虫；对发病羊群应立即检疫，病羊隔离治疗，其他羊只使用药物预防；病死羊的尸体要深埋处理，对污染的环境和用具等用5%来苏尔进行消毒。对病羊早期大量应用磺胺类药物或与抗生素并用，疗效较好。病羊出现神经症状时，再配合应用镇静药物。

李氏杆菌病又称"转圈病"，是畜禽、啮齿动物和人共患的传染病，临床特征是病羊神经系统紊乱，表现转圈运动，面部麻痹，怀孕羊可发生流产。

病原为产单核细胞李氏杆菌，分类上属李氏杆菌属，对食盐耐受性强，对热的耐受性比大多数无芽孢杆菌强，65℃经30～40分钟才能被杀死，一般消毒剂都可使其灭活。本菌对青霉素有抵抗力，对链霉素、氯霉素、四环素族抗生素和磺胺类药物敏感。

（一）诊断要点

1.流行特点　患病动物和带菌动物是本病的传染源，从它们的分泌物（乳汁、精液，以及眼、鼻、生殖道的分泌物）和排泄物（粪、尿）中可分离到本菌。易感动物范围很广，几乎各种家畜、家禽和野生动物均可通过消化道、呼吸道和损伤的皮肤而感染，其中绵羊较山羊容易发病，被污染的饲料和饮水可能是主要的传染媒介。本病呈散发，发病率低，但死亡率很高。各种年龄的羊只都可发病，以幼龄和怀孕母羊较易感，发病较急。一般多在冬季和早春发病。

2.症状　病初体温升高1～2℃，不久降至常温。多数病羊表现脑膜脑炎症状，出现头颈一侧性麻痹，偏向一侧，该侧耳下垂，眼半闭，咀嚼迟缓；遇到障碍物时，常以头抵着不动，有时转圈倒地，四肢作游泳姿势，有的呈角弓反张，颈项强直，最后昏迷。孕羊多发生流产。羔羊多呈急性败血症，表现精神沉郁，呆立，流涎、流泪、流鼻液，咀嚼迟缓，不久死亡，病死率甚高。

3.病变　有神经症状的病羊，剖检可见脑及脑膜充血、水肿，脑脊液增多且稍混浊；流产母羊胎盘发炎，表现子宫水肿坏死，子宫内膜充血、出血或坏死；败血症的病羊，出现败血症变化，肝脏有坏死。血液和组织中多形核细胞增多。

采取血、肝、脾、肾和脑脊髓液等作触片或涂片，经革兰氏染色镜检，如发现有革兰氏阳性，且呈"V"形排列或并列的细小杆菌，结合有神经症状或流产，可做出诊断。

（二）鉴别诊断

本病应与具有神经症状和流产症状的疾病相鉴别。

1.羊脑包虫病　该病体温不高，病的发展缓慢，病羊仅有转圈或斜着走等症状，不传染给其他羊，剖检时见有脑包虫。

2.羊鼻蝇蛆病　病羊有浆液性或脓性鼻液，打喷嚏，用药物（0.012%氯氰菊酯）喷射鼻腔，有死亡的幼虫排出；当虫体侵入颅腔时可出现神经症状，转圈、运动失调等；死后剖检鼻腔、鼻窦或额窦，可发现羊鼻蝇幼虫。

3.羊莫尼茨绦虫病　病羊贫血、消瘦、下痢，当病羊因绦虫分泌的毒素中毒时，可出现转圈、头部后仰等神经症状；有时因虫团阻塞而产生腹痛，甚至发生肠破裂而死亡。粪便内可查到莫尼茨绦虫节片。

4.流产症状的疾病

（1）布氏杆菌病：主要表现流产，多发于怀孕后第3～4个月；流产前，发热，卧地，阴门流出黄红色液体；流产母羊常发生乳房炎、关节炎和水肿，表现跛行；部分胎衣或全部胎衣呈黄色胶样浸润，部分覆有纤维蛋白和脓液，增厚，有出血点；流产胎儿呈败血症变化；公羊睾丸肿大。

（2）衣原体病：胎儿多于正常产前2～3周突然被排出，胎儿发育良好，产下时多存活，但体质弱，于产后头几天内死亡；母羊多耐过流产而不受多大伤害。

（3）沙门氏菌病：绵羊流产多见于妊娠的最后2个月，病羊体温升高达40～41℃，部分羊有腹泻；产下的活羔，表现衰弱，腹泻，1～7天内死亡。

（4）山羊传染性胸膜肺炎：病羊高热稽留，呼吸困难，咳嗽，流浆液性鼻液，严重时张口呼吸；常见吞咽动作或低声呻吟，眼睑浮肿流泪，且有黏液性分泌物，胸部听诊有胸膜摩擦音；肺、胸膜发炎，并粘连，孕羊死亡率较高。

（5）饲养管理性流产：病因调查，有饲养或管理不当史。

（6）蓖麻中毒：羊采食蓖麻4～8小时后出现症状，心跳、呼吸加快，食欲和反刍废绝，下痢，粪便有恶臭味，并混有血液及伪膜，尿少或无尿；怀孕母羊发生流产。

（三）防治措施

1.预防　预防本病的关键是加强饲养管理，注意环境卫生，消灭鼠类和其他啮齿动物，定期驱虫；对发病羊群应立即检疫，病羊隔离治疗，其他羊只使用药物预防；病死羊的尸体要深埋处理，对污染的环境和用具等用5%来苏尔进行消毒。

2.治疗　治疗本病的关键是早期大量应用磺胺类药物（如磺胺嘧啶钠）或与抗生素（如氨苄青霉素、链霉素、庆大霉素等）并用，疗效较好。病羊出现神经症状时，疗效较差，在用上述药物的同时，应用镇静药物盐酸氯丙嗪，以每千克体重1～3毫克，肌肉注射。

羔羊大肠杆菌病

关键技术

诊断：本病多发于数日龄至6周龄以内的羔羊，病羊出现剧烈的下痢和败血症；细菌学检查可见符合大肠杆菌者，经纯培养后进行生化鉴定和血清学鉴定，即可确诊。

防治：加强孕羊的饲养管理，分娩前后对羊舍应彻底消毒1~2次。注意幼羊的保暖，尽早让羔羊吃到足够的初乳。对污染的环境、用具彻底消毒。对病羊在应用敏感的抗生素时，必须配合加强护理和对症治疗，才能提高疗效。

羔羊大肠杆菌病是由致病性大肠杆菌引起的羔羊急性传染病，其特征是病羊出现剧烈的下痢和败血症。由于病羊常排出白色稀粪，故又称"羔羊白痢"。

大肠杆菌是革兰氏阴性、中等大小的杆菌。对外界不利因素的抵抗力不强，在50℃持续30分钟即可死亡，一般常用消毒剂均易将其杀死。

（一）诊断要点

1.流行特点　本病多发于数日龄至6周龄以内的羔羊，有些地方6~8月龄的羔羊也可发生；本病呈地方流行或散发，主要经过消化道感染。病的发生还与气候不良、营养不足、圈舍潮湿、污秽有关，冬春舍饲期间多发，放牧季节则很少发病。

2.症状　分为败血型和下痢型两类。

（1）败血型：多发于2~6周龄羔羊，病羊体温升至41~42℃，精神沉郁，结膜充血潮红，呼吸、脉搏快而弱，并表现神经症状，四肢僵硬，运步失调，头弯向一侧，视力障碍，磨牙，口吐泡沫，鼻流黏液，有的病例出现关节肿胀、疼痛。有轻微的腹泻或不腹泻。多于发病后4~12小时死亡。

（2）下痢型：多发生于7日龄以内的新生羔羊。病初体温略高，出现腹泻后体温下降，粪便先呈半液状，由淡黄色变为灰白色，含有乳凝块，以后变为液状，带有气泡，且有恶臭，严重时混有血液。病羊腹痛（拱背）、虚弱、严重脱水、卧地不起，如不及时治疗，可经24～36小时死亡，病死率为15%～75%。

3.病变 败血型病羊剖检，在胸、腹腔和心包有大量的积液，内有纤维素样物；肘和腕关节肿大，关节腔内滑液混浊或有脓性絮片；脑膜充血，有很多小出血点，大脑沟常含有多量的脓性渗出物。下痢型病羊主要是急性胃肠炎变化，真胃、小肠和大肠内容物呈黄灰色半液状，肠黏膜充血、出血和水肿，肠内混有血液和气泡，肠系膜淋巴结肿胀发红，有的肺呈初期炎症病变。

采取内脏组织、血液或肠内容物，用麦康凯或其他鉴别培养基划线分离，挑取可疑菌落转种三糖铁培养基培养后，反应符合大肠杆菌者，纯培养后进行生化鉴定和血清学鉴定，以确定血清型。有条件时可进行黏着素抗原检查和肠毒素检查。

（二）鉴别诊断

本病应与B型魏氏梭菌引起的初生羔羊下痢（羔羊痢疾）相区别。

羔羊痢疾以剧烈腹泻和小肠（尤其是回肠）发生溃疡为特征。在羔羊濒死或刚死时采取病料（内脏和肠内容物）进行细菌学检查，分离出纯培养的致病性菌株具有鉴别诊断意义。

（三）防治措施

1.预防 预防本病的关键是加强孕羊的饲养管理，确保新产羔羊的健壮，抗病力强。改善羊舍的环境卫生，定期消毒，尤其是分娩前后对羊舍应彻底消毒1～2次。注意幼羊的保暖，尽早让羔羊吃到足够的初乳。对污染的环境、用具，用3%～5%来苏尔消毒。

2.治疗 治疗本病的关键是在应用敏感的抗生素时，必须配合加强护理和对症治疗，才能提高疗效。

大肠杆菌对氯霉素、土霉素、新霉素、磺胺类、呋喃类以及新药安普霉素、甲砜霉素、恩诺沙星、环丙沙星等药物均有敏感性。氯霉素，以每千克体重0.01～0.03克剂量，每天注射2次或每天每千克体重口服0.055～0.11克剂量，分2～3次灌服；土霉素粉，以每天每千克体重30～50毫克剂量，分2～3次口服；新霉素，以每千克体重10～15毫克一次内服，每天2次，连用3天；磺胺脒，第一次1克，以后每隔6小时内服0.5克；呋喃唑酮（痢特灵），每次0.03克，每天2～3次内服；庆大霉素，以每千克体重2～4毫克肌肉注射，每天2次，连用3天；安普霉素，以每千克体重20毫克剂量肌肉注射，每天2次，连用3天，或以每千克体重20～40毫克剂量口服，每天1次，连用5天；甲砜霉素，按每千克体重10～20毫克剂量一次内服，每天2次；恩诺沙星或环丙沙星肌肉注射，按每千克体重2.5毫克剂量，每天2次，连用3天。心脏衰弱者可应用强心剂，皮下注射安钠咖0.5～1毫升；脱水严重者可静脉注射5%葡萄糖盐水50～100毫升；必要时还可加入碳酸氢钠或乳酸钠，以防酸中毒；对有兴奋症状的病羊，可内服水合氯醛0.1～0.2克（加水内服）。

羊土拉杆菌病

关键技术

　　诊断：主要侵害绵羊，尤其是羔羊发病较严重，肌肉僵硬，体表淋巴结肿大、化脓；细菌学检查，发现革兰氏阴性、两极着色、在细胞内成堆排列的较小菌体，即可做出诊断。

　　防治：驱除野生啮齿动物和吸血昆虫，用灭蜱药物进行全群药浴。加强环境消毒和羊群检疫。链霉素治疗本病最为有效，其次是土霉素、氯霉素。

　　羊土拉杆菌病又称"野兔热"，是牧场绵羊（特别是羔羊）的一种急性败血性疾病，也是人、畜共患病。其特征是发热，肌肉僵硬和淋巴结肿大。

　　病原土拉弗朗西斯氏菌，是一种多形态的细菌。该菌对热及常用消毒剂敏感，但在土壤、水、肉和皮毛中可存活数10天，在尸体中可存活100多天。本菌对链霉素、氯霉素和四环素族抗生素敏感。

（一）诊断要点

　　1.流行特点　易感动物很多，在家畜中主要侵害绵羊，尤其是羔羊发病较严重，常引起死亡。在畜群中一般只有少数病例出现。野兔和野生啮齿类动物，以及被患病动物污染的牧地、饲草、饮水等是主要传染源。本病通过蜱等吸血昆虫传染给家畜和人，蜱不仅是传播媒介，也是有效的储存宿主。

2.症状 病羊体温升高，可达40.5～41℃，精神沉郁，步态僵硬、不稳，后肢软弱或瘫痪。体表淋巴结肿大，2～3天后体温恢复正常，但之后又常回升。一般8～15天痊愈。怀孕母羊发生流产和死胎，羔羊发病较重，除上述症状外，还常见有贫血、腹泻、后肢麻痹、兴奋不安或昏睡等症状，常经数小时死亡，病死率很高。山羊发病少，其症状与绵羊相似。

3.病变 剖检尸体，可见体表寄生着许多蜱，组织贫血明显，在皮下和浆膜下散在着许多出血点，在蜱侵袭部位及其附近尤为显著。体表淋巴结肿大，有时化脓。肝、脾也可能肿大，有坏死灶。心内外膜有小出血点。在一些羔羊中，肺脏的尖叶与心叶可能有肺炎病变。

羊肉毒梭菌中毒症

关键技术

诊断：发病急，且呈散发；病羊运动神经麻痹，流涎，有浆液性鼻涕，最后因呼吸麻痹而死亡；实验室检查被检饲料或胃肠内容物含有毒素。

防治：发病后使用肉毒梭菌多价血清，同时使用盐类泻剂并进行洗胃、灌肠；平时注意环境卫生，及时清除动物的尸体或残骸，不用腐败草料喂羊。

本病是由于食入肉毒梭菌毒素而引起的急性中毒性疾病，以运动神经麻痹为特征。肉毒梭菌芽孢广泛分布于自然界，在动物尸体、肉类、饲料、罐头食品中发育繁殖时可产生毒素。该毒素毒力极强，并且在消化道中不被破坏。体液中的毒素在100℃，15～20分钟可被破坏，在固体食物中需要2小时。肉毒梭菌毒素为一种蛋白质，通常以毒素分子和一种红细胞凝集素载体所构成的复合物形式存在。

（一）诊断要点

1.流行特点 肉毒梭菌的芽孢广泛分布于自然界中，土壤为其自然居留地，在腐败尸体和腐烂的饲料中含有大量的肉毒梭菌毒素，因此，该病在各个地区都可发生。各种畜禽都有易感性，当羊食入了霉烂饲料、腐败尸体或被肉毒梭菌毒素污染的饲料、饮水即可发病。一般羊群中发生中毒的只是少数，大批中毒的情况很少。本病没有传染性。

2.症状 病初呈现兴奋症状，共济失调，步态僵硬，行走时头弯于一侧或作点头运动，尾向一侧摆动。流涎，有浆液性鼻涕。呈腹式呼吸，最后因呼吸麻痹而死亡。

3.病变 病尸剖检一般无特异变化，咽喉黏膜、胃肠黏膜、心内外膜可能有出血斑点，肺可能有充血、水肿变化，脑膜可能充血；有时在胃内发现骨片、木片或石头等异物，说明生前有异食癖。

根据病因调查和发病经过，结合临床症状和病理变化，即可做出初步诊断。确诊必须检查可疑饲料、病死羊胃肠内容物及病羊血清有无毒素存在。

取可疑饲料或病死羊胃肠内容物，加2倍以上无菌生理盐水，充分研磨，做成悬液，置室温下浸出1～2小时，离心取上清液，加抗生素处理后，分为2份。一份不加热，供毒素试验用；另一份经100℃加热30分钟，供对照用。用鸡作试验时，吸取上述液体注射于眼睑皮下，一侧供试验用，另一侧作对照。注射量均为0.1～0.2毫升。如注射后0.5～2小时，试验眼睑逐渐闭合（麻痹），而对照眼睑仍正常，且试验鸡于10小时后死亡，则证明被检饲料或胃肠内容物含有毒素。

（二）防治措施

1.预防 预防本病的关键是注意环境卫生，在牧场或羊舍内，如发现有动物尸体和残骸，应及时清除，特别注意不用腐败草料喂羊。平时可在饲料中添加适量的食盐、钙和磷等矿物质，以防止动物发生异食癖，乱舔食尸体和残骸等。当发现该病时应及时查明毒素来源，予以清除。

2.治疗 治疗本病的关键是发病早期可使用肉毒梭菌多价血清，同时使用盐类泻剂（硫酸镁、硫酸钠等）并进行洗胃、灌肠，以促进消化道内的毒素排除。据报道，使用盐酸胍，以每千克体重1毫克的剂量治疗，可解除毒素引起的某些麻痹症状。当有体温升高时，可注射抗生素或磺胺类药物以防止发生肺炎。

可疑病畜或尸体，可采血液、淋巴结、肝脏、脾脏、肾脏的病变组织，涂片、染色、镜检，发现革兰氏阴性、两极着色、在细胞内成堆排列的较小菌体，具有诊断意义。

对可疑病羊，也可用变态反应进行诊断，即用土拉杆菌素0.2毫升注射于羊尾根皱褶处皮内，24小时后检查，如局部发红、肿胀、变硬、疼痛者即为阳性；有一部分羊只可能不发生反应。

（二）防治措施

1.预防 预防本病的关键是驱除野生啮齿动物和吸血昆虫，用灭蜱药物进行全群药浴。发病后立即隔离病羊，消毒圈舍及用具，并对羊群用变态反应或凝集反应进行检疫，直至全群变为阴性。病死羊的尸体和啮齿动物的尸体要深埋。

2.治疗 治疗本病的关键是对病羊应用敏感的抗生素。本病的治疗以链霉素最为有效，其次是土霉素、氯霉素。每日2次，肌肉注射，连用5~7天。其具体用量是：链霉素按每千克体重10毫克，土霉素按每千克体重5~10毫克，氯霉素按每千克体重10~30毫克。

绵羊巴氏杆菌病

关键技术

诊断：绵羊多发于幼龄羊和羔羊，山羊不易感染。病羊主要表现为败血症和肺炎，但脾脏不肿大；细菌学检查见有两端明显着色的椭圆形小杆菌即可做出诊断。

防治：羊群避免拥挤、受寒，长途运输时防止过度劳累。发病后，加强隔离和消毒，必要时羊群可用高免血清或疫苗作紧急免疫接种；治疗本病的关键是对病羊选用敏感抗生素或磺胺类药物。

巴氏杆菌病主要是由多杀性巴氏杆菌所引起的各种家畜、家禽和野生动物的一种传染病，在绵羊主要表现为败血症和肺炎。本病过去曾称为"出血性败血病"，简称"出败"。

多杀性巴氏杆菌一般存在于病羊的血液、内脏器官、淋巴结及病变局部组织和一些外表健康动物的上呼吸道黏膜及扁桃体内。抵抗力不强，对干燥、热和阳光敏感，用一般消毒剂（1%石炭酸、1%漂白粉、5%石灰乳等）在数分钟至10分钟内可将其杀死。本菌对链霉素、青霉素、四环素、氯霉素以及磺胺类药物敏感。

（一）诊断要点

1.流行特点　多种动物对多杀性巴氏杆菌都有易感性。在绵羊多发于幼龄羊和羔羊，山羊不易感染。病羊和健康带菌羊是传染源。病菌随分泌物和排泄物排出体外，污染饲草、饮水、用具和外界环境，经呼吸道、消化道及损伤的皮肤、黏膜而感染。带菌羊在受寒、长途运输、饲养管理不当、抵抗力下降时，可发生自体内源性感染。

2.症状　按病程长短，可分为最急性型、急性型和慢性型三种。

（1）最急性型：多见于哺乳羔羊，突然发病，出现寒战，虚弱，呼吸困难等症状，于数分钟至数小时内死亡。

（2）急性型：精神沉郁，体温升高到41～42℃，咳嗽，鼻孔常有出血，有时混于黏性分泌物中。眼结膜潮红，有黏性分泌物。初期便秘，后期腹泻，有时粪便全部变为血水。病羊常在严重腹泻后虚脱而死亡。病程2～5天。

（3）慢性型：病程可达3周。病羊消瘦，食欲下降，流黏稠的脓性鼻液，咳嗽，呼吸困难。有时颈部和胸下部发生水肿。有角膜炎，腹泻。临死前极度衰弱，体温下降。

3.病变　一般在皮下有液体浸润和小点出血。胸腔内有黄色渗出物。肺淤血、小点出血和肝变，偶见有黄豆至胡桃大的化脓灶。胃肠道有出血性炎症。其他脏器呈水肿和淤血，间有小点出血，但脾脏不肿大。病程较长的尸体消瘦，皮下有胶样浸润，心包和胸腔内有渗出液及纤维素凝块（即纤维素性胸膜炎和心包炎），肝有坏死灶。

采取病死羊的肺脏、肝脏、脾脏及胸腔液，制成触片或涂片，用碱性美蓝染液或瑞特氏染液染色后镜检，见有两端明显着色的椭圆形小杆菌，结合临床症状和病理变化即可做出诊断。

（二）鉴别诊断

羔羊患本病时，应注意与肺炎链球菌（过去称"肺炎双球菌"）所引起的败血症相区别。后者剖检时可见脾脏肿大，而且在病料中很容易查到以成双排列为特征的肺炎链球菌。

（三）防治措施

1.预防　预防本病的关键是羊群避免拥挤、受寒，长途运输时防止过度劳累。发病后，对病羊和可疑病羊立即隔离治疗。羊舍可用5%漂白粉或10%石灰乳等彻底消毒。必要时羊群可用高免血清或疫苗作紧急免疫接种。

2.治疗 治疗本病的关键是对病羊选用敏感抗生素或磺胺类药物。每千克体重可分别选用氯霉素10～30毫克、土霉素20毫克、庆大霉素1 000～1 500单位、20%磺胺嘧啶钠5～10毫升，进行肌肉注射，每天2次，或每千克体重用复方新诺明片10毫克，内服，每天2次。

羊布氏杆菌病

关键技术

诊断：母羊发生流产和公羊发生睾丸炎；血清学检查，试管凝集反应阳性即可确诊。

防治：本病无治疗价值。防治本病的关键是自繁自养，健康羊群也应定期检疫。一旦发病，用试管凝集或平板凝集反应进行羊群检疫，对呈阳性和可疑反应的羊只以淘汰屠宰为宜。对污染的用具和场所彻底消毒，流产胎儿、胎衣、羊水和产道分泌物应深埋。凝集反应阴性羊用布氏杆菌猪型2号弱毒苗或羊型5号弱毒苗进行免疫接种。

布氏杆菌病是由布氏杆菌引起的人、畜共患的慢性传染病。本病主要侵害生殖系统。羊感染后，以母羊发生流产和公羊发生睾丸炎为特征。本病流行很广，不仅感染各种家畜，而且易传染给人。

布氏杆菌是革兰氏阴性需氧杆菌，在土壤、水中和皮毛上能存活几个月，巴氏灭菌法10～15分钟、0.1%升汞数分钟、1%来苏尔或2%福尔马林或5%生石灰乳15分钟可杀死该菌。

（一）诊断要点

1.流行特点 母羊较公羊易感性高，随着性的成熟，易感性增强。消化道是主要感染途径，即通过采食被污染的饲料、饮水而感染，通过损伤的皮肤、黏膜或配种时经黏膜接触也可感染。病羊流产的胎儿、羊水、胎衣和阴道分泌物及乳汁中都含有大量的病原体。羊群一旦感染本病，主要表现孕羊流产，开始仅为少数，以后逐渐增多，严重时羊群中50%～90%发生流产或产出死胎、弱胎。多数病羊只流产一次便可获得终身免疫。

2.症状　多数病例为隐性感染。怀孕羊发生流产是本病的主要症状，但不是必有的症状。流产前，病羊精神不振，食欲减退，口渴，阴道流出黄色黏液。流产多发生在怀孕后的3～4个月。有时患病羊发生关节炎和滑膜囊炎而出现跛行，公羊发生睾丸炎，少数病羊发生角膜炎和支气管炎。

3.病变　剖检常见病变是胎衣部分或全部呈黄色胶样浸润，其中有部分胎衣上覆有纤维蛋白和脓液，胎衣增厚并有出血点。流产胎儿主要表现败血症病变，浆膜和黏膜有出血点、出血斑，皮下和肌肉间发生浆液性浸润，脾脏和淋巴结肿大，肝脏中有坏死灶。公羊可发生化脓性睾丸炎和副睾炎、睾丸肿大，后期睾丸萎缩。

流行病学、临床症状和病理变化等都有助于本病的诊断，但确诊只有通过实验室诊断才能得出结论。

布氏杆菌病的实验室检查方法很多，以凝集反应最为常用。绵羊和山羊的大群检疫也可用血清平板凝集试验和变态反应检查。

变态反应是将布氏杆菌水解素0.2毫升注射于羊尾根皱襞部皮内，24小时及48小时各观察反应1次，若注射部位发红肿胀，即判为阳性。此法对慢性病例检出率高，且不妨碍血清学检查。

（二）防治措施

1.预防　在未感染羊群中，控制本病传入的最好方法是自繁自养，必须引进种羊或补充羊群时，要严格进行检疫。即将羊隔离饲养2个月，同时进行布氏杆菌病的检查，全群2次免疫学检查阴性者，才可以与原有羊接触。健康羊群还应定期检疫（至少一年1次），一经发现立即淘汰病羊。

2.治疗　本病无治疗价值。发病后防治措施是：用试管凝集或变态反应进行羊群检疫，发现呈阳性和可疑反应的羊只均应及时隔离，以淘汰屠宰为宜，严禁与假定健康羊接触。对污染的用具和场所用10%～20%石灰乳、2%氢氧化钠溶液或含有2%～2.5%有效氯的漂白粉溶液等进行彻底消毒，流产胎儿、胎衣、羊水和产道分泌物应深埋。凝集反应阴性羊用布氏杆菌猪型2号弱毒苗、羊型5号弱毒苗或布氏杆菌无凝集原（M—Ⅲ）菌苗进行免疫接种。

羊沙门氏菌病

诊断：羔羊出现急性败血症和下痢，母羊怀孕后期流产等症状；细菌学检查，从病料中可分离培养出沙门氏菌即可确诊。

防治：加强饲养管理。羔羊出生后应及早吃上初乳，并注意保暖；发现病羊及时隔离、治疗；被污染的圈舍应彻底消毒，发病羊群进行药物预防。对可能受传染威胁的羊群注射相应疫苗。对病羊应用抗血清有效，也可选用抗生素治疗，首选药物为氯霉素。

羊沙门氏菌病主要是由鼠伤寒沙门氏菌、都柏林沙门氏菌和羊流产沙门氏菌引起，以羔羊急性败血症和下痢、母羊怀孕后期流产为主要特征的急性传染病。

引起绵羊流产的病原主要是羊流产沙门氏菌；引起羔羊副伤寒的病原以鼠伤寒沙门氏菌和都柏林沙门氏菌为主。沙门氏菌对外界的抵抗力较强，在水、土壤和粪便中能存活几个月，但不耐热。一般消毒药均能迅速将其杀死。

（一）诊断要点

1.流行特点 各种年龄的羊均可发生，其中以断乳或断乳不久的羊最易感。病原菌可通过羊的粪、尿、乳汁以及流产胎儿、胎衣和羊水污染的饲料和饮水等，经消化道感染健康羊，通过交配或其他途径也可感染。各种不良因素均可促使本病的发生。

2.症状 临床症状可分为以下两型。

（1）下痢型：多见于羔羊，体温升高可达40~41℃，食欲减退，腹泻，排黏性带血稀粪，有恶臭。精神沉郁，虚弱，低头弓背，继而卧地。一般经1~5天死亡，有的经2周后可恢复。发病率一般为30%，病死率25%左右。

（2）流产型：绵羊多在怀孕的最后2个月发生流产或死产。病羊体温升高，不食，精神沉郁，部分病羊有腹泻症状。病羊产出的活羔多极度衰弱，并常有腹泻，一般1~7天死亡。发病母羊也可在流产后或无流产的情况下死亡。羊群暴发一次，一般可持续10~15天，流产率和病死率均很高。

3.病变 下痢型羔羊尸体消瘦，真胃和小肠黏膜充血，内容物稀薄如水，肠系膜淋巴结肿大，脾脏充血，肾脏皮质部和心内外膜有出血点。流产、死产的胎儿或生后1周内死亡的羔羊，呈败血症病变，表现组织水肿、充血，肝脏、脾脏肿大，有灰色病灶，胎盘水肿、出血。死亡的母羊呈急性子宫炎症状，表现子宫肿胀，内含有坏死组织、浆液性渗出物和滞留的胎盘。

对怀疑为本病的羊可进行细菌分离鉴定加以确诊。采取下痢死亡羊的肠系膜淋巴结、胆囊、脾脏、心血、粪便或发病母羊的粪便、阴道分泌物、血液以及胎盘和胎儿的组织进行病原的分离培养。

（二）鉴别诊断

本病应与引起羔羊痢疾的B型魏氏梭菌病和引起羔羊下痢的大肠杆菌病相区别。

1.羔羊痢疾 本病以剧烈腹泻和小肠（尤其是回肠）发生溃疡为特征。在羔羊濒死或刚死时采取病料（内脏和肠内容物），进行细菌学检查，分离出纯培养的致病性菌株具有鉴别诊断意义。

2.羔羊大肠杆菌病 本病多发于数日龄至6周龄以内的羔羊，病羊出现剧烈的下痢和败血症，出现腹泻后体温下降；细菌学检查可见符合大肠杆菌者，经纯培养后进行生化鉴定和血清学鉴定，即可确诊。

（三）防治措施

1.预防 预防本病的关键是加强饲养管理。羔羊出生后应及早吃上初乳，并注意保暖；发现病羊及时隔离、治疗；被污染的圈舍应彻底消毒，发病羊群进行药物预防。对流产的母羊应及时隔离治疗，流产的胎儿、胎衣及污染物应销毁或深埋，流产场地应全面彻底消毒。对可能受传染威胁的羊群注射相应疫苗。

2.治疗 治疗本病的关键是病初应用抗血清，也可选用抗生素或呋喃类药物治疗。首选药物为氯霉素，其次是新霉素、土霉素和呋喃唑酮（痢特灵）等，也可选用新药安普霉素（主要用于幼龄羊）、甲砜霉素、恩诺沙星及环丙沙星等。氯霉素，按羔羊每天每千克体重30~50毫克剂量，分3次内服；成年羊按每次每千克体重10~30毫克剂量，肌肉或静脉注射，每天2次。呋喃唑酮，按每天每千克体重5～10毫克剂量，分2～3次内服，连续用药不得超过2周。安普霉素，以每千克体重20毫克剂量肌肉注射，每天2次，连用3天，或以每千克体重20～40毫克剂量口服，每天1次，连用5天；甲砜霉素，按每千克体重10～20毫克剂量一次内服，每天2次；恩诺沙星或环丙沙星肌肉注射，按每千克体重2.5毫克剂量，每天2次，连用3天。在应用上述药物的同时应配合护理和对症治疗。

羊链球菌病

关键技术

诊断：病羊表现颌下淋巴结和咽喉部肿胀、大叶性肺炎、呼吸异常困难、各脏器出血、胆囊肿大等症状和病变；细菌学检查，发现兽疫链球菌即可确诊。

防治：加强饲养管理，勿从疫区引入种羊，购进羊肉或皮毛产品时应加强防疫和检疫工作；常发地区坚持免疫接种；发病后，及时隔离病羊，对周围环境严格消毒；对未发病羊提前注射青霉素或抗羊链球菌血清有良好的预防效果；对病羊早期应用青霉素或磺胺类药物治疗。

羊链球菌病俗称"嗓喉病"，是由兽疫链球菌引起的一种急性、热性、败血性传染病，主要发生于绵羊。本病以颌下淋巴结和咽喉部肿胀、大叶性肺炎、呼吸异常困难、各脏器出血、胆囊肿大为特征。

病原为溶血性链球菌，是链球菌属C群兽疫链球菌的一种，有的学者称之为"兽疫链球菌绵羊变种"。病原菌通常存在于病羊的各个脏器以及各种分泌物、排泄物中，而以鼻液、气管分泌物和肺脏中含量为高。该菌对外界环境抵抗力较强，死羊胸水内的细菌在室温下可存活100天以上。对一般消毒药的抵抗力不强，在2%石炭酸、0.1%升汞、2%来苏尔和0.5%漂白粉中均可在2小时内被杀死。

（一）诊断要点

1.流行特点 本病主要发生于绵羊，绵羊易感性高，山羊次之；病羊和带菌羊是本病的主要传染源，经呼吸道排出病原体。绵羊除口服不感染外，其他各种方法都可感染致病。自然感染主要通过呼吸道，也可经损伤的皮肤、黏膜以及羊虱蝇等吸血昆虫叮咬传播。病死羊的肉、骨、皮、毛等可散播病原，在本病的传播上具有重要作用。新发病区常呈流行性发生，老疫区则呈地方性流行或散发性流行。本病一般于冬春季节气候寒冷、草质不良时多发。

2.症状 病羊体温升高至41℃，呼吸困难，精神不振，食欲下降，反刍停止。眼结膜充血，流泪，常见流出脓性分泌物；口流涎水，并有泡沫；鼻孔流出浆液性、脓性分泌物。咽喉肿胀，颌下淋巴结肿大，部分病例舌体肿大。粪便松软，带有黏液或血液。有些病例可见眼睑、口唇、面颊以及乳房部位肿胀。怀孕羊可发生流产。病羊死前常有磨牙、呻吟和抽搐现象。病程一般2~5天。

3.病变 病理变化以败血症变化为主。尸僵不显著或不明显。淋巴结出血、肿大。鼻、咽喉、气管黏膜出血。肺脏水肿、气肿，肺实质出血、肝变，呈大叶性肺炎，有时可见有坏死灶；肺脏常与胸壁粘连。肝脏肿大，表面有少量出血点；胆囊肿大2~4倍，胆汁外渗。肾脏质地变脆、变软，肿胀、梗死，被膜不易剥离。各脏器浆膜表面常覆有黏稠、丝状的纤维素样物质。

采取心血或脏器组织涂片或触片，染色镜检，可发现带有荚膜、多呈双球状，偶见3~5个菌体相连呈短链为特征的病原体存在。也可将肝脏、脾脏、淋巴结等病料组织做成生理盐水悬液，给家兔腹腔注射。若为链球菌病，则家兔常在24小时内死亡。取病料涂片镜检，可发现上述典型形态的细菌。进一步确诊可进行病原的分离鉴定。

（二）鉴别诊断

本病应与羊炭疽、羊梭菌性疾病、羊巴氏杆菌病相鉴别。

羊炭疽，病羊缺少大叶性肺炎症状，病原形态不同；羊梭菌性疾病（羊快疫、羊肠毒血症等），无高热和全身广泛出血变化，病原形态有差别；羊巴氏杆菌病与本病在临床症状和病理变化上很相似，但病原形态不同，前者为革兰氏阴性菌。

（三）防治措施

1.预防 预防本病的关键是做好以下三方面工作。

第一，未发病地区勿从疫区引入种羊，购进羊肉或皮毛产品时应加强防疫和检疫工作。

第二，常发地区坚持免疫接种，每年发病季节到来之前，用羊链球菌氢氧化铝甲醛菌苗进行预防接钟。大小羊只一律皮下注射3毫升，6月龄以上羊，每只5毫升，3月龄以下羔羊，2～3周后重复接种1次，免疫期可维持半年以上。

第三，做好夏秋抓膘、冬春保膘、防寒保温工作。发病后，及时隔离病羊，粪便堆积发酵处理。羊圈可用含1%有效氯的漂白粉、10%石灰乳、3%来苏尔等消毒。在本病流行区，病羊群要固定草场、牧场放牧，避免与未发病羊群接触。对未发病羊提前注射青霉素或抗羊链球菌血清有良好的预防效果。

2.治疗 治疗本病的关键是早期应用青霉素或磺胺类药物治疗。青霉素每次80万～160万，每天肌肉注射2次，连用3天；20%磺胺嘧啶钠5～10毫升，每天肌肉注射2次，或内服磺胺嘧啶片剂，每次5～6克（小羊减半），每日3次，连用3天。

羊快疫

关键技术

诊断： 本病主要发生于绵羊，且发病急、病程极短、真胃有出血性炎性损害；细菌学检查见无关节长丝状的腐败梭菌即可确诊。

防治： 平时加强饲养管理，消除一切诱发因素，在该病的常发区定期进行预防接种。发病后，对受威胁的健康羊进行紧急接种，并转移放牧地；对病羊及早使用抗生素、磺胺类药物和肠道消毒剂，并结合强心输液解毒等对症治疗。

羊快疫是由腐败梭菌经消化道感染引起，主要发生于绵羊的一种急性传染病。以突然发病、病程极短、真胃出血性炎性损害为特征。

腐败梭菌是革兰氏阳性的厌气大杆菌，在体内外均能产生芽孢，不形成荚膜，可产生多种外毒素。病羊血液或脏器涂片镜检，可见单个或2～3个菌体相连的粗大杆菌，有的呈无关节长丝状，其中一些可能已断为数段。这种无关节长丝状的形态，在肝脏被膜触片中更易发现，这是腐败梭菌极突出的特征，有重要的诊断意义。一般消毒药均能杀死腐败梭菌的繁殖体，但芽孢抵抗力很强，必须用强力消毒药如20%漂白粉或3% ~ 5%氢氧化钠进行消毒。

（一）诊断要点

1.流行特点　发病羊多为6 ~ 18月龄、营养良好的绵羊，山羊较少发病。主要经消化道感染。该病原菌通常以芽孢体形式散布于外界，特别是潮湿、低洼或沼泽地带。羊采食污染的饲草或饮水，芽孢体随之进入消化道，但并不一定引起发病。当存在诱发因素时，特别是在秋冬或早春气候突变、阴雨连绵之际，羊寒冷、饥饿或采食了冰冻带霜的草料，机体抵抗力下降，腐败梭菌即大量繁殖，产生外毒素，使消化道黏膜发炎、坏死并引起中毒性休克，使患羊迅速死亡。本病以散发性流行为主，发病率低而死亡率高。

2.症状　病羊往往来不及表现临床症状即突然死亡，常见在放牧时死于牧场或早晨死于圈舍内。病程稍缓的，表现不愿行走，运动失调。体温表现不一致，有的正常，有的升高至41.5℃左右。腹痛、腹泻，磨牙，抽搐，最后衰弱昏迷，口流带血泡沫，多于数分钟或几小时内死亡，病程极短。

3.病变　病死羊的尸体迅速腐败、膨胀。剖检可视黏膜充血，呈暗紫色。体腔多有积液。心内、外膜有点状出血。胆囊肿胀。特征性的病变是真胃出血性炎症，胃底部及幽门部黏膜可见大小不等的出血斑点及坏死区，黏膜下发生水肿。肠道内充满气体，常有充血、出血、坏死或溃疡。

用病死羊肝脏被膜作触片，染色镜检，除见到两端钝圆、单个或短链状的粗大菌体外，还可观察到无关节的长丝状菌体链。其他脏器中也可发现该病原菌。做动物试验，将病料制成悬液，肌肉注射豚鼠和小鼠，实验动物多于24小时内死亡。死亡后立即采集脏器组织进行分离培养，制片镜检，发现腐败梭菌无关节长丝状的特征形态，即可确诊。

（二）鉴别诊断

本病应注意与羊肠毒血症、羊黑疫和羊炭疽等类似病症相区别。

1.羊肠毒血症　该病在牧区多发生于春夏之交抢青时和秋季草子成熟时，在农区则发生于夏秋收割季节，羊采食过量的谷类或青嫩多汁及富含蛋白质的草料时发生，而羊快疫发病季节多在秋冬和早春；羊快疫有明显的真胃出血性炎性损害，而羊肠毒血症仅见轻微病损；该病病羊的血液及脏器中可检出D型魏氏梭菌，而羊快疫病羊的肝脏被膜触片多见无关节长丝状的腐败梭菌。

2.羊黑疫　本病的发生常与肝片吸虫病的流行有关，其真胃损害轻微，肝脏多有坏死灶，涂片镜检，可见到两端钝圆、粗大的诺维氏梭菌。

3.羊炭疽　本病具有明显的高热，天然孔出血，血液凝固不良，血液涂片检查可见有荚膜的竹节状的炭疽杆菌；炭疽环状沉淀反应阳性。

（三）防治措施

1.预防　预防本病的关键是平时加强饲养管理，消除一切诱发因素，在该病的常发区，每年应定期进行预防接种。常用的疫苗有羊快疫、猝狙、肠毒血症三联苗，羊梭菌病四防氢氧化铝疫苗，以及羊厌气菌氢氧化铝甲醛五联苗。

当本病发生严重时，应及时转移放牧地，到高燥地区放牧。对污染的周围环境彻底消毒，对所有尚未发病羊加强饲养管理，防止受寒，早晨出牧不要太早，避免羊采食冰冻饲料。同时可使用羊快疫、猝狙、肠毒血症三联苗，或羊梭菌病四防氢氧化铝疫苗，以及羊厌气菌氢氧化铝甲醛五联苗进行紧急接种。

2.治疗　由于病程很短，常常来不及治疗。因此治疗本病的关键是对病程稍长的病羊，及早使用抗生素、磺胺类药物和肠道消毒剂，并结合强心、补液、解毒等对症治疗，可有治愈的希望。临床可选用青霉素肌肉注射，每次80万～160万单位，每天2次；磺胺嘧啶内服，每次5～6克，每天2次，连用3～4天；也可内服10%～20%石灰乳，每次50～100毫升，连服1～2次；同时配合强心、补液、解毒等对症治疗。

羊肠毒血症

关键技术

诊断：本病主要发生于绵羊，以急性死亡、死后肾脏软化、小肠黏膜严重出血为特征；取回肠内容物进行毒素检查和中和试验可确定为D型魏氏梭菌毒素。

防治： 避免过食结子饲草和蔬菜等多汁饲料。当羊群发病时要立即搬圈，转移到高燥的地区放牧，病死羊一律烧毁或深埋。常发地区应定期进行预防接种。对病程稍长的病羊，及早使用抗生素、磺胺类药物和肠道消毒剂，并结合强心、补液、解毒、镇静等对症治疗。

羊肠毒血症是D型魏氏梭菌在羊肠道内大量繁殖产生毒素引起的一种急性毒血症。本病主要发生于绵羊，以急性死亡、死后肾组织易软化为特征。因其临床症状类似羊快疫，所以又称"类快疫"；死后病羊的肾脏呈现软泥状，小肠严重出血，因此又称"软肾病"或"血肠子"病。

魏氏梭菌又称产气荚膜杆菌，本菌为厌气性粗大杆菌，革兰氏染色阳性，在动物体内可形成荚膜，芽孢位于菌体中央。本菌可产生多种外毒素，根据毒素—抗毒素中和试验，可将魏氏梭菌分为A、B、C、D、E五个毒素类型。本病是由D型魏氏梭菌所引起，一般消毒药均能杀死本菌的繁殖体，但其芽孢抵抗力很强，在95℃下需2.5小时方可杀死，必须用强力消毒药如20%漂白粉或3%～5%氢氧化钠进行消毒。

（一）诊断要点

1.流行特点 发病以绵羊较多，山羊较少，通常以2～12月龄、膘情较好的羊为主。魏氏梭菌为土壤常在菌，也存在于污水中，通常羊采食被芽孢污染的饲草或饮水，芽孢随之进入消化道，一般情况并不引起发病。当饲料突然改变，特别是从吃干草改为采食大量谷物或青嫩多汁和富含蛋白质的草料之后，导致羊的抵抗力下降和消化功能紊乱，D型魏氏梭菌在肠道内迅速繁殖，产生大量毒素。高浓度的毒素改变了肠道的通透性，毒素大量进入血液，引起全身毒血症，发生休克而死亡。

本病的发生常表现一定的季节性，牧区以春夏之交抢青时和秋季草子成熟时发病较多，农区则多见于夏秋收割季节，羊采食过量的谷类或青嫩多汁及富含蛋白质的草料时。本病一般呈散发性流行。

2.症状 本病发生突然，常常当晚不见症状，次日清晨死于圈内，很少能看到症状，或在看到症状后很快倒毙。有的病羊以抽搐为特征，倒毙前四肢强烈划动，肌肉抽搐，眼球转动，磨牙，口流涎水，随后头颈向后弯曲、抽搐，常于2～4小时内死亡。有的病羊以昏迷为特征，病初步态不稳，以后倒地，继而昏迷，角膜反射消失；有的还伴发腹泻，排黑色或深绿色稀便；常常在3~4个小时内静静地死去。出现抽搐型症状和昏迷型症状，是由于病羊吸收毒素多少不同所导致的。

3.病变 主要病变在肾脏和小肠。肾脏表面充血，实质松软如泥，稍压即碎烂（此为一种死后变化，幼龄羊多见，但不能在死后立刻见到）。小肠黏膜充血、出血，甚至整个肠壁呈血红色，有的还有溃疡。胸腔、腹腔和心包腔内有多量的液体。心内外膜有出血点。肝脏肿大、充血、质脆，胆囊肿大1~3倍，充满胆汁。全身淋巴结肿大、充血，切面呈黑褐色。

采集小肠内容物、肾及淋巴结等制片染色镜检，可观察到有荚膜的魏氏梭菌。同时，利用小肠内容物滤液接种家兔、小白鼠、豚鼠等进行毒素检查及中和试验，以确定毒素的存在和菌型。

（二）鉴别诊断

本病在诊断时应与以下羊病相鉴别。

1.羊炭疽 该病可致各种年龄羊发病，临床症状有明显的体温反应，黏膜呈蓝紫色，死后尸僵不全，天然孔流血，脾脏高度肿大，细菌学检查，可发现有荚膜的炭疽杆菌。

2.羊巴氏杆菌病 该病病程多在1天以上，临床表现有体温升高、皮下组织出血性胶样浸润，后期呈现肺炎症状，病料涂片可见革兰氏阴性、两极浓染的巴氏杆菌。

3.羊大肠杆菌 该病多发于6周龄以内的小羊，肾脏表面多呈青紫色，但不软化，各脏器内可培养出大肠杆菌。

（三）防治措施

1.预防 预防本病的关键是在农、牧区春夏之际，应尽量减少抢青、抢茬，秋季避免过食结子饲草和蔬菜等多汁饲料。当羊群发生本病时要立即搬圈，转移到高燥的地区放牧，病死羊一律烧毁或深埋。在常发地区应定期注射羊厌气菌病三联、四联或五联苗。

2.治疗 由于病程很短，常常来不及治疗。因此治疗本病的关键是对病程稍长的病羊，及早使用抗生素、磺胺类药物和肠道消毒剂，并结合强心、补液、解毒、镇静等对症治疗，可有治愈的希望。临床可选用青霉素肌肉注射，每次80万~160万单位，每天2次；内服磺胺脒8~12克，第一天1次灌服，第二天分2次灌服，连服3~4天；也可内服10% ~20%石灰乳，每次50~100毫升，连服1~2次；同时配合强心、补液、解毒、镇静等对症治疗。

羊猝狙

关键技术

　　诊断：本病发生于成年绵羊，以急性死亡、腹膜炎和溃疡性肠炎病变为特征；取小肠内容物进行毒素检查和中和试验可确定为C型魏氏梭菌毒素。

　　防治：避免在低洼、潮湿地区放牧；当羊群发病时要立即搬圈，转移到高燥的地区放牧；病死羊一律烧毁或深埋。常发地区应定期进行预防接种。对病程稍长的病羊，及早使用抗生素、磺胺类药物和肠道消毒剂，并结合强心、补液、解毒、镇静等对症治疗。

　　羊猝狙是由C型魏氏梭菌引起绵羊的一种毒血症，以急性死亡、腹膜炎和溃疡性肠炎为特征。一般消毒药均能杀死本菌的繁殖体，但其芽孢抵抗力很强，在95℃下需2.5小时方可杀死，必须用强力消毒药如20%漂白粉或3%~5%氢氧化钠进行消毒。

（一）诊断要点

　　1.流行特点　本病发生于成年绵羊，以1~2岁的绵羊发病较多，常见于低洼、潮湿地区，多发于冬春季，呈地方性流行。C型魏氏梭菌为土壤常在菌，主要经消化道感染。当羊采食了被污染的饲草或饮水后，该病原菌便在肠道内（尤其是十二指肠和空肠）大量繁殖，并产生毒素，引发本病。

　　2.症状　病程短促，常未见到症状即突然死亡。病程稍长时，可见病羊掉群，卧地，表现不安，衰弱和痉挛，常在数小时内死亡。

　　3.病变　病变主要见于消化道和循环系统。十二指肠和空肠黏膜严重充血、糜烂，有的区段可见大小不等的溃疡。体腔多有积液，暴露于空气后可形成纤维素絮块。浆膜上有小点出血。病羊刚死时骨骼肌表现正常，但死后8小时内，细菌在骨骼肌内增殖，使肌间隔积聚血样液体，肌肉出血，有气性裂孔，这种变化与黑腿病的病变十分相似。

取体腔渗出液、脾脏等病料进行细菌学检查；参照"羊肠毒血症"中介绍的方法，对小肠内容物进行毒素检查和中和试验，以确定毒素的存在和菌型。

（二）鉴别诊断

本病应与羊快疫等其他梭菌性疾病、炭疽病、巴氏杆菌病等类似疾病相鉴别。主要通过病原学检查和毒素检验进行区别。具体方法参见"羊肠毒血症"一节。

（三）防治措施

本病的预防和治疗同羊快疫和羊肠毒血症。

羊黑疫

关键技术

诊断： 本病主要发生于成年绵羊，山羊也可发病；病程短促；肝脏出现特征性的凝固性坏死灶；用卵磷脂酶试验进行毒素检查阳性即可确诊。

防治： 控制肝片吸虫的感染，每年定期驱虫；在常发地区应每年定期进行预防接种，发病时将羊群转移至高燥地区。治疗时可选用青霉素或抗诺维氏梭菌血清。

羊黑疫又称"传染性坏死性肝炎"，是由B型诺维氏梭菌引起的绵羊、山羊的一种急性高度致死性毒血症。本病以肝实质发生坏死性病灶为特征。

诺维氏梭菌为革兰氏阳性大杆菌，根据本菌产生的外毒素，通常分为A、B、C三型。本病为B型诺维氏梭菌引起的。

（一）诊断要点

1.流行特点　B型诺维氏梭菌能使1岁以上的绵羊发病，以2～4岁、营养良好的绵羊多发；山羊也可发病。该菌广泛存在于自然界（尤其是土壤中），羊采食被此菌芽孢污染的饲草后，芽孢由胃肠壁经目前尚未阐明的途径进入肝脏。正常的肝脏内不利于其发芽变为繁殖体，而仍以芽孢形式潜藏于肝脏内。当羊感染肝片吸虫时，肝片吸虫的幼虫游走损害肝脏，使肝脏的氧化—还原电位降低，存在于该处的芽孢即获得适宜的发育条件，迅速生长繁殖，产生毒素，进入血液循环，引起毒血症，从而导致急性休克而死亡。本病主要发生于低洼、潮湿地区，以春夏季节多发，发病与肝片吸虫的感染密切相关。

2.症状 本病的临床症状与羊快疫、羊肠毒血症等疾病极为相似。病程短促，大多数病羊表现为突然死亡；少数病例病程稍长，可拖延1~2天，没有超过3天的。病羊表现精神沉郁，放牧时掉群，不食，反刍停止，呼吸困难，体温升至41.5℃左右，最后昏睡、呈腹卧状态死去。

3.病变 病羊尸体皮下静脉淤血严重，使羊皮肤呈暗黑色外观（故名黑疫）。其特征性的病变是肝脏的坏死变化。在充血、肿胀的肝脏表面，可以看到或触摸到1个乃至数个凝固性坏死灶。坏死灶界限清晰，呈灰黄色不正圆形，周围常围绕一层鲜红色的充血带；坏死灶直径可达2~3厘米，切面呈半圆形。此外，真胃幽门部和小肠黏膜充血、出血；心内外膜也常见有出血点；体腔多有积液。

在诊断时，根据症状和病变，结合动物接种试验和毒素检查即可确诊。

（1）动物接种试验：取肝脏坏死灶边缘与健康组织相邻接的肝组织作为病料，制成悬液并给豚鼠肌肉注射，豚鼠死后剖检，可见除了注射部位出血、水肿外，腹部皮下组织呈胶样水肿，透明无色或呈玫瑰色，厚度有时可达1厘米，这种变化极为典型，具有诊断意义。

（2）毒素检查：取病死羊的腹水或肝坏死灶组织悬浮液的沉淀上清液作卵磷脂酶试验，以检查病料中是否存在B型诺维氏梭菌产生的毒素。此法的特异性和检出率均较高。

（二）鉴别诊断

本病应与羊快疫、羊肠毒血症、羊炭疽等类似疾病相鉴别。

（三）防治措施

1.预防 预防本病的关键在于控制肝片吸虫的感染，其次是在常发地区应每年定期进行预防接种，发生本病时应将羊群转移至高燥地区。

（1）定期驱虫：在肝片吸虫病流行地区，对羊群每年至少安排2次定期驱虫。一次在秋末冬初，由放牧转为舍饲之前；另一次在冬末春初，由舍饲改为放牧之前。药物可选用蛭得净（溴酚磷），每千克体重16毫克，一次内服；或使用丙硫苯咪唑，每千克体重15~20毫克，一次内服；也可使用三氯苯唑，每千克体重8~12毫克，一次内服。

（2）预防接种：定期注射羊黑疫疫苗、黑疫快疫混合苗或羊厌气菌五联苗。

（3）发病时紧急预防：发病时将羊群（圈）转移至高燥地区，同时也可使用抗诺维氏梭菌血清早期预防，皮下或肌肉注射10~15毫升，必要时可重复1次。

2.治疗 对病程稍缓的病羊，可肌肉注射青霉素（用法同羊快疫），也可静脉或肌肉注射抗诺维氏梭菌血清，一次量10~80毫升，连用1~2次。

羔羊痢疾

关键技术

诊断： 本病主要发生于7日龄内的羔羊，表现剧烈腹泻和小肠发生溃疡；实验室毒素检查和中和试验，可确定毒素的存在和菌型。

防治： 加强母羊和羔羊的饲养管理。母羊要抓好膘情，避免在最冷季节产羔，要定期进行预防接种；对羔羊合理补乳，注意保暖。一旦发病应立即隔离病羔，加强消毒；对病羔应用抗生素的同时，结合对症治疗和加强护理，可提高疗效。

羔羊痢疾是初生羔羊的一种急性毒血症，以剧烈腹泻和小肠发生溃疡为特征。本病常使羔羊发生大批死亡。病原为B型魏氏梭菌。该菌特性可参见"羊肠毒血症"一节。

（一）诊断要点

1.流行特点 主要发生于7日龄以内的羔羊，尤其是2~5日龄羔羊发病较多，7日龄以上的很少发病。纯种细毛羊发病率和病死率最高，土种羊抵抗力较强，杂交羊介于其间。羔羊出生后数日，B型魏氏梭菌可通过吮乳、羊粪或饲养人员手指进入消化道，也可通过脐带或创伤感染。在不良因素的作用下，羔羊抵抗力减弱，病菌在小肠内大量繁殖，产生毒素，引起发病。羔羊痢疾的促发因素主要有：母羊怀孕期营养不良，羔羊体质瘦弱；气候突变，寒冷袭击，特别是大风雪后，羔羊受冻；补乳不当，饥饱不均。本病可使羔羊发生大批死亡，特别是草质差的年份或气候寒冷多变的月份，发病率和病死率均高。

2.症状 病初精神沉郁，不吮奶，随即发生持续性腹泻，粪便由粥状很快转为水样，呈黄白色或灰白色，恶臭，后期便中带血，甚至成为血便。病羔逐渐虚弱，卧地不起，常在1～2天内死亡。有的病羔腹胀而不下痢或只排少量稀粪，主要表现为神经症状。四肢瘫软，卧地不起，呼吸急促，口流白沫。最后昏迷，头向后仰，体温下降，常于数小时至十几小时内死亡。

3.病变 主要病变在消化道。小肠（尤其是回肠）黏膜充血发红，并有直径1～2毫米的溃疡，溃疡周围有一出血带环绕。有的肠内容物呈血色。肠系膜淋巴结肿胀、充血，有的出血。心包积液，心内膜有时可见出血点。肺脏常有充血区或淤斑。

诊断时可采取小肠内容物滤液接种小鼠或豚鼠进行毒素检查和中和试验，以确定毒素的存在和菌型。

（二）鉴别诊断

羔羊梭菌性痢疾应与沙门氏菌病、大肠杆菌病等类似疾病相区别。

1.沙门氏菌病 初生羔羊下痢，粪便也可夹杂有血液，剖检可见真胃和肠黏膜潮红并有出血点，从心血、肝脏、脾脏和脑可分离到沙门氏菌。

2.大肠杆菌病 羔羊下痢，用魏氏梭菌免疫血清预防无效，而用大肠杆菌免疫血清则有一定的预防作用。在羔羊濒死或刚死时采集病料进行细菌学检查，分离出纯培养的致病菌株具有诊断意义。

（三）防治措施

1.预防 预防本病的关键是采取综合防治措施，加强母羊和羔羊的饲养管理。对怀孕母羊要抓好膘情，增强体质，避免在最冷季节产羔，每年秋季要定期接种羔羊痢疾疫苗或羊快疫、羊猝狙、羊肠毒血症、羔羊痢疾、羊黑疫五联苗，产前2～3周再接种1次，保证羔羊获得充足的母源抗体；对羔羊合理补乳，避免饥饱不均。注意保暖，防止受凉。一旦发病应立即隔离病羔，或及时搬圈，作好圈舍和用具的消毒工作。在本病的常发疫点可采取药物预防，即羔羊出生后12小时内，灌服土霉素0.12～0.15克，每天1次，连服3天。

2.治疗 治疗本病的关键是对病羔应用抗生素的同时，结合强心、补液、镇静等对症治疗和加强护理，可提高疗效。治疗本病方法很多，但效果不一，可根据具体情况选择试用。

土霉素0.2～0.3克、胃蛋白酶0.2～0.3克，加水灌服，每天2次；磺胺脒0.5克、鞣酸蛋白0.2克、次硝酸铋0.2克、碳酸钠0.2克，或再加呋喃唑酮0.1～0.2克，加水灌服，每天3次；也可先灌服含0.5%福尔马林的6%硫酸镁溶液30～60毫升，6～8小时后再灌服1%高锰酸钾溶液10～20毫升，每天2次；也可应用中草药疗法，对已下痢的羔羊，可灌服加减乌梅汤或加味白头翁汤。

（1）加减乌梅汤：乌梅（去核）、炒黄连、黄芩、郁金、炙干草、猪苓各10克，诃子肉、焦山楂、神曲各12克，泽泻8克，干柿饼（切碎）1个，以上药研碎，加水400毫升，煎至150毫升，加红糖50克为引，一次灌服。

（2）加味白头翁汤：白头翁10克、黄连10克、秦皮30克、生山药30克、山萸肉12克、诃子肉10克、茯苓10克、白术15克、白芍10克、干姜5克、干草6克，将上述药水煎2次，每次煎汤300毫升，混合后每个羔羊灌服10毫升，每天2次。

在选用上述药物的同时，对心脏衰弱的，皮下注射25%安钠咖0.5～1毫升；对脱水严重的，静脉注射5%葡萄糖盐水20～100毫升；食欲不好的，灌服人工胃液（胃蛋白酶10克、浓盐酸5毫升、水1 000毫升）10毫升或番木鳖酊0.5毫升，每天1次；对有兴奋症状的急性病例，用水合氯醛0.1～0.2克加水灌服，必要时4小时后重复一次；当并发肺炎时，可用青霉素、链霉素各20万单位混合肌肉注射，每天2次。

羊衣原体病

关键技术 ————————————————————

诊断：病羊表现发热、流产、死产和产出弱羔，在疾病流行期，部分羊还可表现多发性关节炎、结膜炎等症状，此证据仅可怀疑为本病。诊断本病的关键是实验室检查。

防治：加强饲养管理，消除各种诱发因素，防止寄生虫侵袭；在疫区，用羊流产衣原体灭活苗对母羊和种公羊进行免疫接种；对病羊及时隔离，选用敏感的抗生素进行治疗，同时应加强护理；流产胎盘、产出的死羔应予以销毁；对污染的环境进行彻底消毒。

羊衣原体病是由鹦鹉热衣原体引起绵羊、山羊的一种传染病。临床上以发热、流产、死产和产出弱羔为特征。在疾病流行期，部分羊还可表现多发性关节炎、结膜炎等疾患。鹦鹉热衣原体抵抗力不强，对热敏感，0.1%福尔马林、0.5%石炭酸、70%酒精、3%氢氧化钠均能将其灭活。衣原体对青霉素、四环素、氯霉素、红霉素等抗生素敏感，对链霉素、磺胺类药物有抵抗力。

（一）诊断要点

1.流行特点 鹦鹉热衣原体可感染多种动物，多为隐性经过。家畜中以牛、羊较为易感。许多野生动物和禽类是本病的自然宿主。患病动物和带菌动物为主要传染源，通过粪便、尿液、乳汁、泪液、鼻分泌物以及流产的胎儿、胎衣、羊水排出病原体，污染水源、饲料及环境。本病主要经呼吸道、消化道及损伤的皮肤、黏膜感染；也可通过交配或用患病公畜的精液人工受精发生感染，子宫内感染也有可能；蜱、螨等吸血昆虫叮咬也可能传播本病。羊衣原体性流产多呈地方性流行。密集饲养，营养缺乏，长途运输或迁徙，寄生虫侵袭等应激因素，可促使本病的发生、流行。

2.症状 发病的绵羊、山羊临床表现有所不同，主要有以下几种病型。

（1）流产型：潜伏期50~90天。流产通常发生于妊娠的中后期，一般观察不到征兆，临床表现为流产、死产或娩出弱羔羊。流产后往往发生胎衣不下，流产羊阴道排出分泌物可达数日。有些病羊可因继发感染细菌性子宫内膜炎而死亡。羊群首次发生流产，流产率可达20%~30%，以后则流产率下降。流产过的母羊一般不再发生流产。在本病流行的羊群中，可见公羊患有睾丸炎、附睾炎等疾病。

（2）关节炎型：鹦鹉热衣原体侵害羔羊，可引起多发性关节炎。感染羔羊，病初体温升高，可达41~42℃；食欲减退，掉群，四肢关节（尤其腕关节、跗关节）肿胀、疼痛，一肢或四肢跛行。患病羔羊肌肉僵硬，或弓背而立，或长期卧地，体重减轻，生长发育受阻。有些羔羊同时发生结膜炎。发病率高，病程2～4周。

（3）结膜炎型：结膜炎主要发生于绵羊，特别是育肥羔羊和哺乳羔羊。病羔一眼或双眼均可患病，眼结膜充血、水肿，大量流泪。病后2～3天，角膜发生不同程度的浑浊，出现血管翳、糜烂、溃疡或穿孔。数天后，在瞬膜、眼结膜上形成直径1～10毫米的淋巴滤泡（滤泡性结膜炎）。某些病羊可伴发关节炎，发生跛行。发病率高，一般不引起死亡。病程6～10天，角膜溃疡者，病期可达数周。

另外，部分病例还可发生肺炎、肠炎等疾患。

3.病变

（1）流产型：流产母羊胎膜水肿、增厚，子叶呈黑红色或土黄色。流产胎儿水肿，皮肤、皮下组织、胸腺及淋巴结等处有点状出血，肝脏充血、肿胀，表面可能有针尖大小的灰白色病灶。组织病理学检查，胎儿肝脏、肺脏、肾脏、心肌和骨骼肌血管周围网状内皮细胞增生。

（2）关节炎型：关节囊扩张，发生纤维素性滑膜炎。关节囊内积聚有炎性渗出物，滑膜附有疏松的纤维素性絮片。患病数周的关节滑膜层由于绒毛样增生而变粗糙。

（3）结膜炎型：结膜充血、水肿。角膜发生水肿、糜烂和溃疡。瞬膜、眼结膜可见大小不等的淋巴样滤泡，组织病理学检查，可发现滤泡内淋巴细胞增生。

根据流行特点、临床症状和病理变化仅能怀疑为本病，确诊需进行病原体的分离培养、血清学试验及抗菌药敏试验。

（二）鉴别诊断

本病应与布氏杆菌病、弯杆菌病、沙门氏菌病等类似疾病进行区别诊断，须根据病原学检查和血清学试验鉴别。

（三）防治措施

1.预防 预防本病的关键是加强饲养管理，消除各种诱发因素，防止寄生虫侵袭，增强羊群体质；在本病流行的地区，用羊流产衣原体灭活苗对母羊和种公羊进行免疫接种，可有效控制本病的流行；对发病的流产母羊及其所产弱羔及时隔离，流产胎盘、产出的死羔应予以销毁；污染的圈舍、场地等环境用2%氢氧化钠溶液、2%来苏尔溶液等进行彻底消毒。

2.治疗 治疗本病的关键是选用敏感的抗生素，同时应加强护理，并进行对症治疗。抗生素可选用氯霉素，肌肉注射，每千克体重20～40毫克，每天1次，连用1周；或选用青霉素进行肌肉注射，每次80万～160万单位，每天2次，连用3天。也可将四环素族抗生素混于饲料中，连用1～2周。对结膜炎患羊，用土霉素软膏进行点眼。

羊钩端螺旋体病

关键技术

诊断： 本病主要发生于夏秋季节，气候温暖、潮湿和多雨地区，病羊表现高热、黄疸、血色素尿、黏膜和皮肤坏死、迅速衰竭，发病母羊出现流产。

防治： 消灭传染源，开展灭鼠工作；加强饲养管理，不从疫区购买羊只，清理和消毒被污染的水源、饲料、场舍、用具等，在疫区定期用钩端螺旋体多价苗进行预防接种；遇有疑似感染羊，可在饲料中混以四环素，连用14天；对发病羊群立即隔离，选用链霉素和四环素族抗生素治疗病羊和带菌羊。

钩端螺旋体病是由钩端螺旋体引起人、畜共患的一种自然疫源性传染病。临床特征为黄疸、血色素尿、黏膜和皮肤坏死、短期发热和迅速衰竭。羊感染后多呈隐性经过。钩端螺旋体对外界抵抗力较强，在水田、池塘、沼泽中可存活数月或更长时间，对本病的传播有重要作用。该菌对酸碱敏感，加热至50℃，10分钟即可致死，干燥和直射阳光均能使其迅速死亡，一般消毒剂的常用浓度均可杀死此菌。

（一）诊断要点

1.流行特点 钩端螺旋体病的易感动物范围广，包括各种家畜和野生动物，其中鼠类最易感。病畜和带菌动物是传染源，特别是带菌鼠在本病的传播上起着重要作用。病原从尿排出后，污染周围的水源和土壤，经皮肤、黏膜和消化道而感染。该病多发生于夏秋季节，气候温暖、潮湿和多雨地区尤为多发。饲养管理与本病的发生和流行有密切关系，饥饿、饲养不当或其他疾病使机体衰竭时，原为隐性感染的羊则表现出临床症状，甚至死亡。管理不善，羊舍、运动场的粪尿、污水不及时清理，常是本病暴发的重要因素。

2.症状 本病传染率高，发病率低，症状轻的多，重的少。潜伏期为2～20天。

（1）急性型：突然高热，黏膜发黄，尿色很暗，有大量白蛋白、血红蛋白和胆色素。血液中尿素浓度于病的末期达最高峰。并常见皮肤干裂、坏死和溃疡。常于发病后3～7天内死亡。病死率甚高。

（2）亚急性型：体温有不同程度升高，食欲减少，黏膜发生黄染，产奶量显著下降或停产。乳色变黄如初乳状并有血凝块，很少死亡。

（3）流产型：流产是羊钩端螺旋体病的重要症状之一。一些羊群暴发本病的惟一症状就是流产，但也可与急性症状同时出现。

3.病变 剖检尸体消瘦，皮肤有干裂性坏死性病灶，口腔黏膜有溃疡，黏膜有不同程度的黄染，皮下胶样浸润及出血，肠黏膜及浆膜有大量出血，胸、腹腔有黄色渗出液。肺脏、心脏、肾脏和脾脏等实质器官有出血斑点。肝脏肿大、松软，呈黄色或色调不均匀，质地脆弱；肾脏肿大，皮质有散在的灰白色病灶。肠系膜淋巴结肿大、出血。

（二）防治措施

1.预防 预防本病的关键是首先要消灭传染源，开展灭鼠工作，防止草料及水源被鼠类尿液污染。避免引进带菌羊，不从疫区购买羊只。对新购入的羊只，必须隔离检疫30天，无病后方可混群饲养。消除、清理和消毒被污染的水源、污水、淤泥、牧地、饲料、场舍、用具等，以防止传染和散播；在疫区定期用钩端螺旋体多价苗进行预防接种，加强管理，提高羊的特异性和非特异性抵抗力。遇有疑似感染羊，可在饲料中混以0.05%～0.1%四环素，连用14天。

2.治疗 治疗本病的关键是对发病羊群立即隔离，选用链霉素和四环素族抗生素治疗病羊和带菌羊。链霉素，按每千克体重15～25毫克，肌肉注射，每天2次，连用3～5天。土霉素，按每千克体重10～20毫克，肌肉注射，每天1次，连用3～5天。使用大剂量青霉素也有一定疗效。

羊支原体性肺炎

关键技术

诊断：病羊发热，咳嗽，流出铁锈色鼻液，剖检有浆液性和纤维蛋白性肺炎以及胸膜炎病变。

防治：提倡自繁自养，对疫区的假定健康羊，每年用山羊传染性胸膜肺炎氢氧化铝苗接种。病菌污染的环境、用具等应严格消毒。对发病羊选用敏感的抗生素（如恩诺沙星）治疗，同时应加强护理，并进行对症治疗。

羊支原体性肺炎又称"羊传染性胸膜肺炎"，是由支原体引起羊的一种高度接触性传染病。以发热，咳嗽，浆液性和纤维蛋白性肺炎以及胸膜炎为特征。引起本病的病原体为丝状支原体山羊亚种和绵羊肺炎支原体，两者无交互免疫性。前者对红霉素高度繁感，四环素和氯霉素也有较强的抑菌作用，但对青霉素、链霉素不敏感；而后者对红霉素不敏感。

（一）诊断要点

1.流行特点　自然条件下，丝状支原体山羊亚种只感染山羊，以3岁以下的山羊发病为多；绵羊肺炎支原体可感染山羊和绵羊。病羊为主要传染源，肺组织以及胸腔渗出液中含有大量病原体，主要经呼吸道分泌物排菌。耐过山羊在相当长的时期内也可成为传染源。本病常呈地方性流行，接触传染性很强，主要通过空气—飞沫经呼吸道传播。阴雨连绵，寒冷潮湿，营养缺乏，羊群密集、拥挤等不良因素易诱发本病。

2.症状　潜伏期平均18～20天。病初体温升高，精神沉郁，食欲减退。随即咳嗽，流浆液性鼻液。4～5天后咳嗽加重，干咳而痛苦，浆液性鼻液变为黏液脓性，常黏附于鼻孔、上唇，呈铁锈色。病羊多在一侧出现胸膜肺炎变化，肺部叩诊有实音区，听诊肺呈支气管呼吸音或摩擦音，触压胸壁，羊表现敏感、疼痛。病羊呼吸困难，高热稽留，眼睑肿胀，流泪或有黏液、脓性分泌物，腰背拱起做痛苦状。怀孕母羊可发生流产，部分羊肚胀、腹泻，有些病例口腔溃烂，唇部、乳房等部位皮肤发生皮疹。病羊在濒死前体温降至常温以下，病期多为7～15天。

3.病变 病变多局限于胸部。胸腔常有淡黄色积液，暴露于空气后其中的纤维蛋白易凝固。病理损害多发生于一侧，常呈纤维蛋白性肺炎，间或为两侧性肺炎；肺实质肝变，切面呈大理石样变化；肺小叶间质变宽，界限明显；血管内常有血栓形成。胸膜增厚而粗糙，其脏层和壁层常常发生粘连，或与心包膜发生粘连。支气管淋巴结、纵隔淋巴结肿大，切面多汁并有出血点。心包积液，心肌松弛、变软。肝脏、脾脏肿大，胆囊肿胀。肾脏肿大，被膜下可见有小点出血。病程久者，肺、肝结缔组织增生，甚至有包囊化的坏死灶。

（二）鉴别诊断

本病应与巴氏杆菌病进行区别。在临床症状和病理变化上，本病与羊巴氏杆菌病很相似，但病料染色镜检，羊支原体性肺炎通常观察到较为细小的多形性菌体，而羊巴氏杆菌病则可检出两极着色的卵圆状杆菌；病料接种家兔和小鼠，做动物感染试验，羊支原体性肺炎的病料不引起发病，而巴氏杆菌病的病料则引起动物死亡。

（三）防治措施

1.预防 预防本病的关键是提倡自繁自养，新引入的山羊，应隔离观察1个月确无病后方可混群饲养；对疫区的假定健康羊，每年用山羊传染性胸膜肺炎氢氧化铝苗接种。病菌污染的环境、用具等应严格消毒。

2.治疗 治疗本病的关键是选用敏感的抗生素，同时应加强护理，并进行对症治疗。

治疗时可使用恩诺沙星注射液进行肌肉注射，每千克体重2.5毫克，每天1～2次，连用3～4天。另外，还可试用磺胺嘧啶钠注射液，皮下注射，每天1次；病的初期可使用土霉素，以每天每千克体重20～50毫克剂量分2次内服。

三、羊的病毒性传染病

口蹄疫

关键技术

诊断： 以偶蹄兽最易感，传染性很强，在口腔黏膜、蹄部和乳房皮肤发生水疱和溃烂，上呼吸道和前胃黏膜有时也有烂斑和溃疡，心肌呈"虎斑心"变化。病原体检查，采病料做补体结合试验即可鉴定其毒型。

防治： 严格畜产品的进出口和地区间的检疫制度；常发地区要定期进行预防接种；发病后，要及时向上级有关部门报告，同时在疫区严格执行封锁、隔离、消毒、紧急预防接种、治疗等综合性防治措施。对于病羊，在加强护理的同时，给予对症治疗。

口蹄疫又称"口疮"、"蹄癀"，是偶蹄兽的一种急性、热性、高度接触性传染病。人也可感染。本病以口腔黏膜、蹄部和乳房皮肤发生水疱和溃烂为特征。

病原体为口蹄疫病毒属，对外界环境的抵抗力很强，不怕干燥。在自然条件下，含病毒组织和污染的饲料、牧草、皮毛以及土壤等可保持传染性达数周甚至数月之久。粪便中的病毒，在温暖季节可存活29～33天，在冬季冻结状态下可以越冬。该病毒对日光、热、酸碱均很敏感。常用的消毒剂有2%氢氧化钠、20%～30%草木灰水、1%～2%甲醛溶液、0.2%～0.5%过氧乙酸、4%碳酸氢钠溶液等。

（一）诊断要点

1.流行特点　口蹄疫病毒可侵害多种动物，以偶蹄兽（牛、羊、猪、骆驼等）最易感，其中牛易感性最高，羊次之。人也可感染发病。开始发生时，一般总是牛先发病，而后才有羊、猪感染。但亦发现在某些流行中，主要感染牛、羊，而不感染猪，或者相反，只感染猪而不感染牛、羊。病畜和带毒动物为主要传染源。病毒大量存在于病畜的水疱皮和水疱液中，在发热期，病畜的奶、尿、唾液、眼泪、粪便等也含有病毒，且以发病头几天传染性最强。病毒以直接接触或间接接触方式传播。主要经消化道感染，也可经呼吸道和损伤的皮肤、黏膜感染。

该病传染性很强，一旦发生往往呈流行性或大流行性，新疫区发病率可达100%，老疫区发病率在50%以上。本病在牧区的发生有一定的季节性，多在秋末开始，冬季加剧，春季减轻，夏季平息。在农区这种季节性表现得不明显。

2.症状　病羊体温升高，精神不振，食欲低下，常于口腔黏膜、蹄部皮肤上形成水疱、溃疡和糜烂，有时病害也见于乳房部位。口腔损害常在唇内面、齿龈、舌面及颊部黏膜发生水疱和糜烂，疼痛，流涎，涎水呈泡沫状。蹄部损害常在趾间及蹄冠皮肤表现红、肿、热、痛，继而发生水疱、烂斑，病羊跛行。绵羊蹄部症状明显，口黏膜变化轻微；山羊症状多见于口腔，蹄部症状轻微。水疱破溃后，体温下降，全身症状好转。如单纯于口腔发病，一般1～2周可望痊愈；而当累及蹄部或乳房时，则2～3周方能痊愈。一般呈良性经过，死亡率不超过1%～2%。羔羊发病则常表现为恶性口蹄疫，发生心肌炎，有时呈出血性胃肠炎而死亡，死亡率可达20%～50%。

3.病变　病死羊除见口腔、蹄部和乳房部等处出现水疱、烂斑外，严重病例的咽喉、气管、支气管和前胃黏膜有时也有烂斑和溃疡形成。前胃和肠道黏膜可见出血性炎症。心包膜有散在性出血点。心肌松软，似煮熟状；心肌切面呈现灰白色或淡黄色的斑点或条纹，似老虎身上的斑纹，故称之为"虎斑心"。

诊断口蹄疫时，要考虑到口蹄疫病毒具有多型性的特点。目前预防口蹄疫使用的多为单价苗，如果毒型与疫苗毒型不符，就不能收到预期的防疫效果。为了了解当地流行的口蹄疫病毒为何型，可采取新鲜的水疱皮或水疱液，置50%甘油生理盐水中，迅速送有关单位做补体结合试验或微量补体结合试验鉴定毒型。或送检病羊恢复期血清，做乳鼠中和试验、病毒中和试验、琼脂扩散试验或放射免疫、免疫荧光抗体法被动血凝试验等来鉴定毒型。最近国内外报道了用生物素标记探针技术来检测口蹄疫病毒，此检测方法简便、快速，特异性更强。

（二）鉴别诊断

本病应与羊传染性脓包、蓝舌病等类似疾病相区别。

1.羊传染性脓包　该病主要发生于幼龄羊，其特征是在口唇部发生水疱、脓包以及疣状厚痂，病变是增生性的，一般无体温反应。病料电镜观察可发现呈编织线团样构造的羊口疮病毒。

2.羊蓝舌病　该病主要通过库蠓叮咬传播，牛发病较少，猪一般不感染，而口蹄疫是一种高度接触性传染病，牛、猪易感性高，都可感染发病；口蹄疫的糜烂病灶是因水疱破溃而发生，而蓝舌病的溃疡不是由于水疱破溃后所形成，且缺乏水疱破裂后那样的不规则的边缘。通过血清学试验可区分口蹄疫病毒和蓝舌病病毒。

（三）防治措施

1.预防　预防本病的关键是严格畜产品的进出口和地区间的检疫制度；常发本病的地区要定期进行预防接种，受威胁地区应主动接种，建立免疫带；发病后，要及时向上级有关部门报告，同时在疫区严格执行封锁、隔离、消毒、紧急预防接种、治疗等综合性防治措施。

对疫区或疫点划定封锁界限，禁止人畜来往；对病羊实行隔离，固定饲养人员和用具，抓紧治疗；封锁区内最后一只病羊死亡或痊愈后14天，经过全面彻底消毒，方可解除封锁。

接种疫苗时，通常按疫区的地理位置采取环形免疫法，由外向内开展防疫工作，即先接种受威胁地区家畜，再接种疫区内的未发病的家畜，或同时进行，以防止疫情扩大。疫苗接种前，必须弄清当地或附近流行的口蹄疫毒型，然后用相同型的疫苗进行接种。

注意经常消毒，畜舍及用具可用2%氢氧化钠（火碱）溶液，生皮用饱和盐水加0.2%火碱，毛及干皮可用福尔马林或环氧乙烷气体消毒。消毒液在冰冻温度时，可加入食盐（按5%～10%的比例），以防冻结。病畜粪便、残余饲料、垫草应烧毁，或堆积发酵。

2.治疗　本病一般不允许治疗，应就地捕杀，进行无害化处理。羊被感染后，大多经10～14天可自愈。所以，必要时可在严格隔离下进行对症治疗，可缩短病程。治疗本病的关键是在加强护理的同时，给予对症治疗。

（1）加强护理：圈舍要干燥，通风良好；给予柔软饲料（如青草、面汤、米汤等）和清洁的饮水；对圈舍要经常消毒。

（2）对症治疗：对口腔病变，可用0.1%～0.2%高锰酸钾、0.2%福尔马林、2%～3%明矾或2%～3%醋酸（或食醋）冲洗口腔，然后在溃烂面上涂抹碘甘油或1%～3%硫酸铜，也可撒布冰硼散；对蹄部病变，可用3%克辽林（臭药水）、3%来苏尔、1%福尔马林或3%～5%硫酸铜浸泡蹄子。或用3%来苏尔冲洗蹄子，干燥后涂擦松馏油、鱼石脂软膏或龙胆紫溶液，并用绷带包扎。蹄部最好不要多洗，因潮湿妨碍痊愈；对乳房病变，可用2%～3%硼酸溶液洗涤，再涂以青霉素软膏或其他防腐软膏，并定期将奶挤出以防发生乳房炎；对恶性口蹄疫患羊除局部治疗外，可补液强心（用葡萄糖盐水、安钠咖），或口服结晶樟脑，每次5～8克，每天2次。

羊传染性脓包

关键技术

诊断：本病主要发生于幼龄羊，在口唇部发生水疱、脓包以及疣状厚痂，一般无体温反应。病料电镜观察可发现呈编织线团样构造的羊口疮病毒。

防治：防止皮肤、黏膜受到损伤。避免饲喂带刺的草或在有刺植物的草地放牧。加喂适量食盐，以减少啃土、啃墙发生外伤的机会。在流行区定期进行预防接种。对病羊应加强护理并进行对症治疗。

羊传染性脓包又称"羊口疮",是由口疮病毒引起的绵羊和山羊的一种传染病。以口唇部皮肤和黏膜形成丘疹、脓包、溃疡和结成疣状厚痂为特征。

羊口疮病毒在分类上属于痘病毒科、副痘病毒属。病毒粒子呈砖形或呈椭圆形的线团样(病毒粒子表面呈特征性的管状条索斜形交叉的编织样外观),一般排列较为规则。该病毒对外界环境抵抗力强。干燥痂皮内的病毒于夏季日光下经30~60天开始丧失其传染性;散落于地面的病毒可以越冬,至来年春季仍具有传染性。病料在低温冷冻条件下保存,可保持毒力达数年之久。该病毒对热敏感,64℃2分钟即可灭活。常用的消毒药为2%氢氧化钠溶液、10%石灰乳、20%热草木灰水。

(一)诊断要点

1.流行特点 各品种和性别的羊均可感染,但以羔羊、幼羊(3~6个月龄)最易感,常呈群发性流行;成年羊同样被感染,但发病较少,多为散发。人和猫也可感染发病。病羊和带毒羊是本病的传染源。病毒存在于脓包和痂皮内,健康羊主要通过皮肤、黏膜的擦伤而传染。被污染的饲料、饮水或残留在地面上的病羊痂皮,均可散布传染。发病无明显的季节性,但以春季更多见。由于病毒的抵抗力较强,故一旦发生可连续危害多年。

2.症状 其临床症状可分为三型,偶见有混合型。

(1)唇型:是一种最常见的病型。在口唇病皮肤和黏膜上形成特征性的病理过程和症状:病羊首先在口角、上唇或鼻镜上发生散在的小红点(斑),很快形成麻子大的小结节,继而成为水疱或脓包,脓包破溃后,结成黄色或棕色的疣性痂。呈良性经过时,硬痂逐渐扩大、增厚、干燥,1~2周内痂皮脱落而愈合。严重病例,病变向颊面部扩展,发生丘疹、水疱、脓包、痂垢,它们互相融合,形成大面积皲裂的污秽痂垢;痂下肉芽组织增生,痂垢不断增厚,使得口唇肿大、外翻,呈桑葚状突起,严重影响采食,病羊逐渐衰弱而死。病程长达2~3周。个别病例常继发化脓菌和坏死杆菌感染,引起深部组织化脓坏死,使病情恶化。有的病例病变可波及口腔黏膜,发生口腔糜烂,影响采食、咀嚼和吞咽。少数严重病例可因继发肺炎而死亡。

(2)蹄型:该型主要发生于绵羊,多见一肢患病,有时也见侵害多数甚至全部蹄端。在蹄叉、蹄冠或系部皮肤上形成水疱、脓包,破裂后形成溃疡。如继发感染，则发生化脓、坏死，病变常波及皮肤基部、蹄骨，病羊出现跛行，长期卧地。有的在肺脏、肝脏以及乳房中发生转移性病灶，常因衰弱或败血症而死。

（3）外阴型：此型较少见。患羊阴道有黏液性或脓性分泌物，在肿胀的阴唇和附近的皮肤上发生溃疡，乳头、乳房的皮肤发生脓包、烂斑和痂垢。公羊则表现为阴鞘肿胀，在阴鞘口和阴茎上出现脓包和溃疡。单纯的外阴型很少有死亡。

在诊断时可采取水疱液或脓包液进行病毒的分离培养，或对病料进行负染色直接进行电镜观察，发现病毒粒子表面呈特征性的管状条索斜形交叉的编织样外观即可确诊。此外，还可用血清学方法诊断，如补体结合试验、琼脂扩散试验、反向间接血凝试验、酶联免疫吸附试验、免疫荧光技术等方法。

（二）鉴别诊断

本病应与羊痘、坏死杆菌病等类似疾病相区别。

1.羊痘　羊痘的痘疹多为全身性的，而且病羊体温升高，全身反应严重。痘疹结节呈圆形突出于皮肤表面，中间凹陷呈脐状，界限明显。

2.羊坏死杆菌病　该病主要表现为组织坏死，无水疱、脓包病变，也无疣状增生物。

3.羊溃疡性皮炎　该病主要侵害成年绵羊，病变特点为溃烂和组织破坏，痂下无桑葚样的肉芽组织。

4.羊口蹄疫　该病与羊传染性脓包的区别参见"口蹄疫"部分。

（三）防治措施

1.预防　预防本病的关键是做好以下防治措施。

一是不从疫区引进羊只或畜产品。如必须引进时，须隔离观察2~3周，严格检疫，并彻底清洗蹄部和严格消毒，证明无病后方可混入大群饲养。

二是因本病主要是由创伤感染的，故应防止皮肤、黏膜发生外伤，特别是幼羔出牙阶段，口腔黏膜娇嫩，易造成外伤。应避免饲喂带刺的草或在有刺植物的草地放牧。加喂适量食盐，以减少羊只啃土、啃墙，防止发生外伤。

三是在本病流行区用羊口疮弱毒苗进行免疫接种，该疫苗的毒株型应与当地流行毒株型相同。也可在严格隔离的条件下，采集当地自然发病羊的痂皮回归易感羊制成活毒苗，对未发病羊的尾根无毛处进行划痕接种，10天后即可产生免疫力，保护期可达一年左右。活毒苗仅限于在本病流行地区使用。灭能苗的免疫效果不好。

四是发病后应对圈舍和饲养用具进行彻底消毒，对病羊应隔离治疗，并经常对其体表和蹄部进行清洗和消毒。

2.治疗　由于本病的患部有一层厚的痂皮，因此治疗本病的关键是先用水杨酸软膏将痂皮软化，除去痂皮后再用0.1%～0.2%高锰酸钾溶液冲洗创面，然后涂以2%龙胆紫、碘甘油溶液或土霉素软膏，每天1～2次，直至痊愈。蹄型病羊则将蹄部置于3%～10%福尔马林溶液中浸泡1分钟，连续浸泡3次；也可隔日用3%龙胆紫溶液、1%苦味酸溶液或土霉素软膏涂擦患部。

对症治疗和护理方法可参见"口蹄疫"部分。

绵羊痘

关键技术

　　诊断： 在无毛或少毛部位皮肤、黏膜发生痘疹，初为红斑、丘疹，后变为水疱、脓包，最后干结成痂，脱落而痊愈。本病发生于绵羊，不传染山羊。

　　防治： 在羊痘常发地区，每年应定期预防接种。当羊发生羊痘时，立即将病羊隔离，对羊圈及管理用具等进行消毒。对尚未发病的羊群，用羊痘鸡胚化弱毒疫苗进行紧急接种。对病羊的皮肤病变酌情进行对症治疗。

绵羊痘又称"绵羊天花"，是由绵羊痘病毒引起的一种急性、热性、接触性传染病，是各种家畜痘病中危害最严重的传染病。本病以无毛或少毛部位皮肤、黏膜发生痘疹为特征。典型绵羊痘病程一般初为红斑、丘疹，后变为水疱、脓包，最后干结成痂，脱落而痊愈。

绵羊痘病毒主要存在于病羊皮肤、黏膜的丘疹、脓包以及痂皮内，病羊的鼻分泌物内也含有病毒，发热期血液内也有病毒存在。该病毒对直射阳光、高热较敏感，但耐干燥，在干燥的痂皮中病毒能存活6~8周。碱性消毒药及常用的消毒剂均有效，2%石炭酸15分钟可灭活病毒。

（一）诊断要点

1.流行特点　自然条件下，绵羊痘只发生于绵羊，不传染山羊和其他家畜。所有品种、性别、年龄的绵羊均可感染，但细毛羊较粗毛羊或土种羊易感性强，病情也较重。羔羊较成年羊敏感，发病率和死亡率均高，妊娠母羊可发生流产，故产羔季节流行，可造成很大损失。病羊和带毒羊为主要传染源，主要通过污染的空气经呼吸道传播，也可经损伤的皮肤、黏膜感染。饲养人员、用具、皮毛产品、饲料（草）、垫料以及外寄生虫均可成为传播媒介。本病一般于冬末春初多发。气候寒冷、雨雪、霜冻、饲料缺乏、饲养管理不良、营养不足等因素均可促发本病。

2.症状　流行初期只有个别羊发病，以后逐渐蔓延至全群。病羊体温升高达41~42℃，精神不振，食欲减退，可视黏膜有卡他性、脓性炎症，经1~4天后开始发痘。痘疹多发生于皮肤、黏膜无毛或少毛部位，如眼周围、鼻、唇、颊、四肢内侧、尾内面、阴唇、乳房、阴囊以及包皮上。开始为红斑，1~2天后形成丘疹，突出于皮肤表面，坚实而苍白。随后丘疹逐渐扩大，变为灰白色或淡红色半球状隆起的结节。结节在2~3天内变为水疱，水疱内容物逐渐增多，中央凹陷呈脐状。在此期内，体温稍有下降。由于白细胞的渗入，水疱变为脓性，不透明，成为脓包。化脓期间体温再度升高。如无继发感染，则几日内脓包干缩成为褐色痂块，脱落后遗留微红色或苍白色的斑痕，经3~4周痊愈。

非典型病例不呈现上述典型症状或经过。有些病例，病程发展到丘疹期而终止，即所谓"顿挫型"经过。少数病例，因发生继发感染，痘病出现化脓和坏疽，形成较深的溃疡，发出恶臭，常为恶性经过，病死率可达25%~50%。

3.病变　除上述临诊所见病变外，剖检可见前胃和第四胃黏膜往往有大小不等的圆形或半球形坚实的结节，呈单个或融合存在，严重者形成糜烂或溃疡。咽喉部、支气管黏膜也常有痘疹，肺部可见干酪样结节以及卡他性肺炎区。

（二）鉴别诊断

本病应与传染性脓包、螨病相鉴别。

1.羊传染性脓包 该病全身症状不明显，病羊一般无体温反应，病变多发生于唇部及口腔（蹄型和外阴型病例少见），很少波及躯体部皮肤，痂垢下肉芽组织增生明显。

2.羊螨病 螨病的痂皮多为黄色麸皮样，而痘疹的痂皮则呈黑褐色，且坚实硬固。此外，从疥螨皮肤患处以及痂皮内可检出螨。

（三）防治措施

1.预防 平时做好羊的饲养管理，圈舍要经常打扫，保持清洁，抓好秋膘。冬春季节要适当补饲，做好防寒过冬工作。在羊痘常发地区，每年应定期预防接种。羊痘鸡胚化弱毒疫苗，大小羊一律尾内或股内侧皮下注射0.5毫升，山羊皮下注射2毫升。

2.治疗 当羊发生羊痘时，立即将病羊隔离，将羊圈及管理用具等进行消毒。对尚未发病的羊群，用羊痘鸡胚化弱毒疫苗进行紧急接种。

对病羊的皮肤病变酌情进行对症治疗，用0.1%高锰酸钾清洗患处后，涂碘甘油、紫药水。对细毛羊、羔羊，为防止继发感染，可肌肉注射青霉素80万～160万单位，每天1～2次；或用10%磺胺嘧碇10～20毫升，肌肉注射1～3次。也可用痊愈羊的血清治疗，大羊为10～20毫升，小羊为5～10毫升，皮下注射，预防量减半。用免疫血清效果更好。

附：山羊痘

山羊痘是由山羊痘病毒引起山羊的一种传染病。山羊痘只感染山羊，同群绵羊不受感染。该病发生较少，其临床症状和病理变化与绵羊痘相似，主要在皮肤和黏膜上形成痘疹。山羊痘的预防，以往是用绵羊痘鸡胚化弱毒苗进行免疫接种。近年来，我国已研制出山羊痘弱毒苗，用于山羊痘的预防，皮下接种0.5～1.0毫升，保护期可达一年。其他防治措施参见绵羊痘。

蓝舌病

关键技术 ————————————————————

诊断： 该病主要发生于绵羊，在库蠓大量滋生、活动的季节和地区流行，病羊表现发热、消瘦，口腔黏膜、鼻黏膜以及消化道黏膜等发生严重的卡他性炎症，蹄部发炎而出现跛行。

防治： 加强对畜产品的进出口检疫，对疫区内的易感动物每年进行预防接种，控制、消灭传播本病的媒介昆虫（库蠓），对病羊进行对症治疗并加强护理。

蓝舌病是由蓝舌病病毒引起的主要发生于绵羊的一种以库蠓为传播媒介的传染病。本病以发热、消瘦，口腔黏膜、鼻黏膜以及消化道黏膜等发生严重的卡他性炎症为特征。病羊蹄部也常发生病理损害而出现跛行。

蓝舌病病毒有24个血清型，各血清型之间缺乏交互免疫性。该病毒抵抗力强，对2%～3%氢氧化钠溶液敏感。

（一）诊断要点

1.流行特点 该病毒主要感染绵羊，所有品种的绵羊均可感染，以纯种的美利奴羊更为敏感。牛、山羊等其他反刍动物也可感染发病，但临床症状轻缓或无明显症状，以隐性感染为主。该病毒主要存在于病畜的血液和各个脏器中，在康复动物的体内存在可达4～5个月之久。病羊和病后带毒羊为传染源，隐性感染的其他反刍动物也是危险的传染来源。本病主要通过媒介昆虫库蠓叮咬传播。

本病的分布多与库蠓的分布、习性及生活史密切相关。因此，本病多发于湿热的晚春、夏季、秋季和池塘、河流分布广的潮湿低洼地区，也就是库蠓大量滋生、活动的季节和地区。

2.症状 病羊体温高达40℃以上，稽留5～6天。病羊精神不振，食欲下降，流涎，掉群，双唇发生水肿，常蔓延至面颊、耳部，甚至颈部、胸部、腹部。舌及口腔黏膜充血，或出现青紫色淤斑。严重病例唇面、齿龈、颊部黏膜、舌黏膜发生溃疡、糜烂，致使吞咽困难。随着病情的发展，在溃疡损伤部位渗出血液，唾液呈红色，如有继发感染，则出现口臭。鼻分泌物初为浆液性，后变为黏液性，常带血，结痂于鼻孔周围，引起呼吸困难。鼻黏膜和鼻镜出血。有些病例，蹄冠、蹄叶发生炎症，触之敏感、疼痛，出现跛行。病羊消瘦、衰弱，个别发生便秘或腹泻，常便中带血，最终死亡。怀孕母羊感染，则分娩出的胎儿可能畸形，如脑积水、小脑发育不足等。某些病羊痊愈后出现被毛脱落现象。病程6～14天。发病率达30%～40%，死亡率达2%～30%或更高。山羊的症状与绵羊相似，但表现更为轻缓。

3.病变 病死羊各脏器和淋巴结充血、水肿和出血；颌下、颈部皮下胶样浸润。口腔黏膜糜烂并有深红色区，口唇、舌、齿龈、硬腭和颊部黏膜水肿、出血；呼吸道、消化道、泌尿系统黏膜以及心肌、心内外膜可见出血点。严重病例，消化道黏膜常发生坏死和溃疡。蹄冠等部位上皮脱落但不发生水疱。蹄叶发炎并形成溃烂。

（二）鉴别诊断

蓝舌病应与口蹄疫、羊传染性脓包等疾病相区别。

1.口蹄疫 该病为高度接触性传染病，牛、猪易感性强，感染发病后临床症状典型而明显。蓝舌病则主要通过库蠓叮咬传播，且蓝舌病病毒不感染猪，人工接种不能使豚鼠感染。口蹄疫的糜烂性病理损害是由于水疱破溃而发生，蓝舌病虽有上皮脱落和糜烂，但不形成水疱。

2.羊传染性脓包 该病在羊群中以幼龄羊发病率为高，患病羊口唇、鼻端出现丘疹和水疱，破溃以后形成疣状厚痂，痂皮下为增生的肉芽组织。病羊特别是年龄较大的羊，一般不显严重的全身症状，无体温反应。采集局部病变组织进行电镜负染检查，可发现呈线团样编织构造的典型羊口疮病毒。

（三）防治措施

1.预防 预防本病的关键是加强海关对畜产品的检疫工作，严禁从有此病的地区和国家购买牛、羊。非疫区一旦传入本病，应立即采取果断措施，扑杀发病羊和与其接触过的所有易感动物，并彻底进行消毒处理。在疫区每年接种疫苗是防止本病的可靠方法，目前国外有鸡胚化弱毒疫苗和牛胎肾细胞致弱的组织苗，对绵羊有较好的免疫力。在接种疫苗的同时，还应控制、消灭传播本病的媒介昆虫——库蠓，防止其叮咬家畜，夏秋季节提倡在高燥地区放牧。

2.治疗 因药物对本病毒无效，故采取对症治疗与加强护理相结合的疗法是治疗本病的关键。加强对病羊的管理，避免烈日风雨，喂以优质易消化的饲料。治疗时先用食醋或0.1%高锰酸钾溶液冲洗口腔，然后再用1%～3%硫酸铜或1%～2%明矾及碘甘油涂擦糜烂面。也可使用中药冰硼散外敷患部治疗。蹄部病患可先使用3%来苏尔冲洗，再用碘甘油或土霉素软膏涂擦后以绷带包扎。对严重病例结合强心、补液。也可试用磺胺类或抗生素类药物注射给药，以防止继发感染。

羊狂犬病

关键技术

　　诊断：患病动物往往有咬伤史，表现狂躁不安、意识紊乱，反射兴奋性增高，神经调节障碍，最终发生麻痹而死亡。

　　防治：加强对犬类的管理，养狗必须登记注册，并进行免疫接种。捕杀野狗和没有免疫的狗。对疫区受威胁的羊和易感动物接种弱毒疫苗或灭能苗。

　　狂犬病俗称"疯狗病"，又称"恐水症"，是由狂犬病病毒引起的人和多种动物共患的急性接触性传染病。本病以神经调节障碍、反射兴奋性增高、发病动物表现狂躁不安、意识紊乱为特征，最终发生麻痹而死亡。该病毒对过氧化氢、高锰酸钾、新洁尔灭、来苏尔等消毒药敏感，1%～2%肥皂水、70%酒精、0.01%碘液、丙酮、乙醚等能使之灭活。

（一）诊断要点

　　1.流行特点　本病以犬类易感性最高，羊和多种家畜及野生动物均可感染发病，人也可感染。传染源主要是患病动物和潜伏期带毒动物，野生的犬科动物（如野犬、狼、狐等）常成为人、畜狂犬病的传染源和自然保毒宿主，病毒在动物体内主要存在于大脑、小脑和唾液腺细胞内。患病动物主要经唾液腺排出病毒，以咬伤为主要传播途径，也可经损伤的皮肤、黏膜感染，经呼吸道和口腔途径感染业已得到证实。本病一般呈散发性流行，一年四季都可发生，但以春末夏初多见。

　　2.症状　潜伏期的长短与感染部位有关，最短8天，长的达一年以上。本病在临床上分为狂暴型和沉郁型两种。

　　（1）狂暴型：病初精神沉郁，反刍减少，食欲降低，不久表现起卧不安，出现兴奋性和攻击性动作，冲撞墙壁，磨牙流涎，性欲亢进，攻击人畜等。患病动物常舔咬伤口，使之经久不愈，后期发生麻痹，卧地不起，衰竭而死。

　　（2）沉郁型：病例多无兴奋期或兴奋期短，很快转入麻痹期，出现喉头、下颌、后躯麻痹，流涎、张口、吞咽困难，最终卧地不起而死亡。

3.病变　尸体常无特异性变化，表现尸体消瘦，一般有咬伤、裂伤，口腔黏膜充血、糜烂。组织学检查有非化脓性脑炎，可在神经细胞的胞浆内检出嗜酸性包涵体。

（二）鉴别诊断

本病在临床诊断时常与日本乙型脑炎、伪狂犬病等相混淆，可通过实验室检查进行鉴别。

（三）防治措施

1.预防　预防本病的关键是加强对犬类的管理，养狗必须登记注册，并进行免疫接种。捕杀野狗和没有免疫的狗。对疫区受威胁的羊和易感动物接种弱毒疫苗或灭能苗。

2.治疗　羊和家畜被患有狂犬病或可疑的动物咬伤时，及时用清水或肥皂水冲洗伤口，再用0.1%升汞、碘酒或硝酸银等处理伤口，并立即接种狂犬病疫苗，这是治疗本病的关键。有条件时也可用免疫血清进行治疗。一般对被狂犬咬伤的羊和家畜应予捕杀，以免危害于人。

伪狂犬病

关键技术

　　诊断：病羊肌肉震颤，出现奇痒。卧地不起，咽喉麻痹，流出带泡沫的唾液及浆液性鼻液。多于发病后1～2天内死亡。

　　防治：提倡自繁自养，不从疫区引入种羊。消灭牧场内的鼠类，避免与猪接触或混养。在本病流行地区可用伪狂犬病弱毒细胞苗定期进行免疫接种。发生本病后应立即隔离病畜，对病羊早期应用抗伪狂犬病高免血清治疗有较好的疗效。

伪狂犬病又称"传染性延髓麻痹"、"奇痒病"，是由伪狂犬病病毒（又称猪疱疹病毒Ⅰ型）引起的家畜和野生动物共患的一种急性传染病。临床上以发热、奇痒以及延髓炎症状为特征。本病主要侵害中枢神经系统，因临床症状与狂犬病相似，曾一度被误认为狂犬病。后证实是由不同的病毒所引起，被命名为伪狂犬病，以示区别。

病毒在发病初期存在于血液、乳汁、尿液以及脏器中，而在疾病后期，则主要存在于中枢神经系统。该病毒对外界环境抵抗力强，0.5%石灰乳、2%氢氧化钠溶液、2%福尔马林溶液能很快使病毒灭活。

（一）诊断要点

1.流行特点　自然感染见于牛、绵羊、山羊、猪、猫、犬以及多种野生动物，鼠类也可自然发病。成年猪感染多呈隐性经过。病畜、带毒家畜以及带毒鼠类为本病的主要传染源。感染猪和带毒鼠类是伪狂犬病病毒重要的天然宿主。羊或其他动物感染多与带毒的猪、鼠接触有关。感染动物通过鼻漏、唾液、乳汁、尿液等各种分泌物、排泄物排出病毒，污染饲料、牧草、饮水、用具及环境。本病主要通过消化道、呼吸道途径感染，也可经受伤的皮肤、黏膜以及交配传染，或者通过胎盘、补乳发生垂直传染。本病一般呈地方性流行，以冬季、春季发病为多。

2.症状　潜伏期为3～6天。羊感染伪狂犬病多呈急性病程，体温升高，精神不振，肌肉震颤，出现奇痒。常见病羊用前肢摩擦口唇、头部等痒处，有时啃咬痒部并发出凄惨叫声或撕脱痒部被毛。病羊卧地不起，食欲减退或拒食，咽喉部发生麻痹，流出带泡沫的唾液及浆液性鼻液。多于发病后1～2天内死亡，山羊患病病程可稍有延长。

3.病变　病死羊除局部被毛脱落，皮肤水肿、充血、擦伤，甚至撕裂外，一般无明显肉眼可见的变化。

（二）鉴别诊断

本病应与李氏杆菌病、狂犬病等类似疾病相鉴别。

1.李氏杆菌病　羊感染李氏杆菌病后，一般无皮肤瘙痒症状。血液涂片染色镜检，可见单核细胞增多。病料镜检观察，可发现革兰氏阳性的李氏杆菌。病料悬液接种家兔，不出现特殊的瘙痒症状。

2.狂犬病　狂犬病患畜一般有被患病动物咬伤的病史，病畜兴奋时多有攻击性行为。病料悬液皮下接种家兔，通常不易感染。脑内接种，发病后无皮肤瘙痒症状。

（三）防治措施

1.预防　预防本病的关键是加强饲养管理，提倡自繁自养，不从疫区引入种羊。购入羊时严格检疫，对伪狂犬阳性动物捕杀、销毁，同群羊隔离观察，证实无病后，方可混群饲养。消灭牧场内的鼠类，避免与猪接触或混养。

在本病流行地区可用伪狂犬病弱毒细胞苗进行免疫接种。冻干苗先加3.5毫升中性磷酸盐缓冲溶液恢复原量，再稀释20倍。4月龄以上羊肌肉注射1毫升，接种后6天产生免疫力，保护期可达1年。国内新研制的牛羊伪狂犬病氢氧化铝甲醛灭活苗，也有较好的免疫效果。发生本病后应立即隔离病畜，用2%氢氧化钠溶液或10%石灰乳等消毒药消毒厩舍、污染的环境及饲养管理用具等。

2.治疗　发病后早期应用抗伪狂犬病高免血清治疗病羊有较好的疗效。目前尚无其他有效的治疗方法或药物。

绵羊痒病

关键技术

诊断： 潜伏期特别长，一般发生于2～5岁的绵羊，表现共济失调，皮肤剧痒，麻痹、瘫痪、衰弱，最终死亡。

防治： 目前本病尚无有效的预防和治疗措施。预防本病的关键是严禁从有痒病的国家和地区引进种羊、精液及羊胚胎。引进羊在检疫隔离期间发现痒病应全部捕杀、销毁，并进行彻底消毒。无病地区发生痒病，应立即向上级有关部门汇报，同时采取捕杀、隔离、封锁、消毒等措施，并进行疫情检测。

绵羊痒病又称"慢性传染性脑炎"，又名"瘙痒病"或"震颤病"，是由痒病朊病毒引起的成年绵羊的一种缓慢发展的中枢神经系统性疾病。临床特征是潜伏期特别长，患病动物共济失调，皮肤剧痒，麻痹、瘫痪、衰弱，最终死亡。羊群遭受本病感染后，很难清除，几乎每年都有不少羊因患该病死亡或淘汰。痒病的危害不仅是羊只死亡淘汰造成损失，更重要的是失去了活羊、羊精液、羊胚胎以及有关产品的市场，对养羊业危害极大。

本病的病原体具有与普通病原微生物不同的生物学特性，目前定名为朊病毒。动物感染后，不发热，不产生炎症，无特异性免疫应答反应。该病毒对各种理化因素抵抗力强。90%苯酚、5%次氯酸钠、碘酊、1%十二烷基磺酸钠对该病毒有很强的灭活作用。

（一）诊断要点

1.流行特点 不同性别、品种的羊均可发生痒病，但品种间存在着明显的易感性差异，如英国萨福克种绵羊更为敏感。痒病具有明显的家族史，在品种内某些受感染的谱系发病率高。一般发生于2~5岁的绵羊，5岁以上和1.5岁以下的羊通常不发病。患病羊和潜伏期感染羊为主要传染源。痒病可在无关联的羊间水平传播，患羊不仅可以通过接触将病原传染给绵羊或山羊，也可垂直传播给后代。健康羊群长期放牧于污染的牧地（被病羊胎膜污染），也可引起感染发病。

本病通常呈散发性流行，感染羊群内只有少数羊发病，传播缓慢。羊群一旦感染痒病，很难根除，几乎每年都有少数羊死于本病。

2.症状 自然感染潜伏期1~3年或更长。起病大多是不知不觉。早期，病羊敏感、易惊。有些病羊表现有攻击性或离群呆立，不愿采食。有些病羊则容易兴奋，头颈抬起，眼凝视或目光呆滞。大多数病例通常呈现行为异常、瘙痒、运动失调及痴呆等症状，头颈及腹肋部肌肉发生频繁而细微的震颤。瘙痒症状有时很轻微以至于不利观察。用手抓搔患羊腰部，常发生伸颈、摆头、咬唇或添舌等反射性动作。严重时患羊皮肤脱毛、破损，甚至撕脱。病羊常啃咬腹肋部、股部或尾部；或在墙壁、栅栏、树干等物体上摩擦痒部皮肤，致使被毛大量脱落，皮肤红肿、发炎，甚至破溃出血。病羊常以一种高举步态运步，呈现特殊的驴跑步样姿态或雄鸡步样姿态，后肢软弱无力，肌肉震颤，步态蹒跚。病羊一般体温不高，可照常采食，但日渐消瘦，体重明显下降，常不能跳跃，遇沟坡、土堆、门槛等障碍时，反复跌倒或卧地不起。

病程数周或数月，甚至一年以上，少数病例也取急性经过，患病数日即突然死亡。病死率高，几乎达100%。

3.病变 病死羊尸体剖检，除见尸体消瘦、被毛脱落以及皮肤损伤外，常无肉眼可见的病理变化。病理组织学检查，突出的变化是中枢神经系统的海绵样变性。

（二）鉴别诊断

本病通常须与梅迪—维斯纳病、羊螨病和虱病等疾病相区别。

（三）防治措施

目前此病尚无有效的预防和治疗措施。

预防本病的关键是严禁从有痒病的国家和地区引进种羊、精液及羊胚胎。引进动物时，严格口岸检疫。引进羊在检疫隔离期间发现痒病应全部捕杀、销毁，并进行彻底消毒。不得从有病国家和地区购入含反刍动物的饲料。无病地区发生痒病，应立即向上级有关部门汇报，同时采取捕杀、隔离、封锁、消毒等措施，并进行疫情检测。

常用的消毒方法有：焚烧；5%~10%氢氧化钠溶液作用1小时；0.5%~1.0%次氯酸钠溶液作用2小时；浸入3%十二烷基磺酸钠溶液煮沸10分钟。

梅迪—维斯纳病

关键技术

诊断：潜伏期长，病程缓慢，发病者多为2~4岁的成年绵羊，临床表现为间质性肺炎或脑膜炎症状，呼吸困难或运动失调、瘫痪，有的出现口唇和眼睑震颤，头偏向一侧等异常现象。剖检可见在肺胸膜下散在无数针尖大的青灰色小点。

防治：本病迄今尚无特异性疫苗供免疫接种，也无有效的治疗方法。目前防治本病的关键是采取综合防治措施，加强检疫和消毒。

梅迪—维斯纳病是由梅迪—维斯纳病毒引起的成年绵羊的一种慢性传染病。本病的特征是潜伏期长，病程缓慢，临床表现为间质性肺炎或脑膜炎。病羊衰弱、消瘦，最终死亡。梅迪和维斯纳原来是用来描述绵羊的两种临床不同表现的词汇，其含义分别是呼吸困难和消瘦，目前已知这两种病症是由同一种病毒所引起的慢性增生性传染病。该病毒主要存在于感染宿主的肺脏、纵隔淋巴结、脾脏等组织，本病毒可被0.1%福尔马林、4%苯酚和50%酒精灭活。

（一）诊断要点

1.流行特点 梅迪—维斯纳病主要是绵羊的一种疾病，山羊也可感染。本病发生于所有品种的绵羊，无性别区别，发病者多为2~4岁的成年绵羊。病羊和潜伏期感染羊为主要传染源。自然感染是由于吸入了病羊排出的含有病毒的飞沫所致，也可通过污染的饲料、饮水以及牧草经消化道感染，也可能经胎盘或乳汁垂直传播。易感绵羊经肺内注射病羊肺细胞的分泌物或血液可发生感染。本病多散发，发病率因地域而异。饲养密度过大，有助于本病的传播流行。

2.症状

（1）梅迪（呼吸道型）：梅迪病患羊首先表现放牧时掉群，出现干咳，随之呼吸困难日渐加重。病羊鼻孔扩张，头高仰，呼吸加快，听诊或叩诊可闻罗音或实音区。病羊体温一般正常，呈现慢性间质性肺炎，体重下降，逐渐消瘦、衰弱，最终死亡。病程一般为2~5个月，甚至数年，病死率高。

（2）维斯纳（神经型）：维斯纳病患羊最初表现为步样异常，运动失调或轻瘫，特别是后肢，易失足或发软。轻瘫逐渐加重，最后发生全瘫。有些病例头部也有异常表现，口唇和眼睑震颤，头偏向一侧。病情发展缓慢并逐渐恶化，四肢陷入对称性麻痹而死亡。病程数月甚至数年。感染绵羊可终身带毒，但大多数羊并不出现临床症状。

3.病变 梅迪病的病理变化主要见于肺脏及周围淋巴结。肺脏体积和重量均增大2~4倍，呈淡灰黄色或暗红色，触之有橡皮样感觉。肺脏组织致密，质地如肌肉，以膈叶的变化最为严重，心叶、尖叶次之。有诊断意义的是，在胸膜下散在许多针尖大小、半透明、暗灰白色的小点。肺小叶间质明显增宽，呈暗灰色细网状花纹，在网眼中显出针尖大小的暗灰色小点。病肺切面干燥，如滴加50%~98%醋酸，很快会出现针尖大小的小结节。支气管淋巴结肿大，平均重量可达40克（正常为10~15克），切面均质发白。

维斯纳病用肉眼观病变不明显。

（二）鉴别诊断

本病应与肺腺瘤病、蠕虫性肺炎、肺脓肿和其他的肺部疾病相鉴别。

1.梅迪病与绵羊肺腺瘤病、蠕虫性肺炎、肺脓肿和其他的肺部疾病的鉴别 梅迪病组织学变化主要为慢性间质性肺炎，肺泡间质增厚，淋巴样组织增生。在细支气管、血管和肺泡周围出现弥漫性淋巴细胞、单核细胞以及巨噬细胞的浸润。微小的细支气管上皮、肺泡间隔平滑肌、血管平滑肌上皮增生；肺腺瘤病以增生性、肿瘤性肺炎为特征，其组织切片中，可发现肺泡上皮和细支气管上皮细胞异型性增生，形成腺样构造；蠕虫性肺炎在细支气管中可发现寄生虫；肺脓肿和其他肺部疾病都有其特定的病变。

2.维斯纳病与痒病的鉴别　某些不呈瘙痒症状的痒病患羊，在临床上可能与维斯纳病相似，可在病理组织学检查进行区别。痒病患羊的特异性变化是神经元空泡化，即海绵样变性；而维斯纳病组织学变化主要为弥漫性脑膜脑炎，脑膜及血管周围淋巴细胞和小胶质细胞增生、浸润并出现血管套现象。大脑、小脑、脑桥、延脑和脊髓白质内出现弥漫性脱髓鞘现象，在脑膜附近形成脱髓鞘腔。此外，痒病缺乏免疫学反应，而梅迪—维斯纳病可用免疫血清学方法检出血清中的抗体。

（三）防治措施

本病迄今尚无特异性疫苗供免疫接种，也无有效的治疗方法。

目前防治本病的关键是应从未发生本病的国家或地区引进种羊。在引进动物前30天进行梅迪—维斯纳病琼脂扩散检测，结果阴性羊方可启运。发现病羊及时隔离、淘汰。病尸或污染物应销毁或作无害化处理。圈舍、饲养管理用具应用2%氢氧化钠或4%石炭酸消毒。

绵羊肺腺瘤病

关键技术

　　诊断： 潜伏期长，病情发展缓慢。羊发病后出现逐渐的、持续性的呼吸困难，在肺脏上可发现灰白色结节，粟粒至枣子大小。有时结节增生、融合而形成较大的肿块。体温一般正常。

　　防治： 本病迄今尚无特异性疫苗供免疫接种，也无有效的治疗方法。防治本病的关键是平时加强饲养管理，不从疫区引进羊；进羊时严格检疫。羊群一旦发生本病，应全群淘汰。

绵羊肺腺瘤病又名"绵羊肺癌"或"驱赶病"，是由绵羊肺腺瘤病病毒引起的一种慢性、接触性传染性肺脏肿瘤病。本病的特征为潜伏期长，肺泡和支气管上皮进行性肿瘤增生，病羊消瘦，咳嗽，呼吸困难，最终死亡。该病毒抵抗力不强，56℃ 30分钟可灭活，对氯仿和酸性环境敏感。

（一）诊断要点

1.流行特点 各种品种和年龄的绵羊均能发病，以美利奴绵羊的易感性最高。临床发病多为3～5岁的绵羊，2岁以内的绵羊较少出现症状。除绵羊外，山羊也可感染发病。病羊是主要传染源，通过咳嗽、喘气将病毒排出，经呼吸道使附近的易感羊感染。羊群拥挤，尤其在密闭的圈舍中，有利于本病的传播。气候寒冷，可使病情加重，也容易引起感染羊继发细菌性肺炎，致使病程缩短，死亡率增高。

2.症状 潜伏期很长，半年至2年不等。人工感染的潜伏期长达3～7个月。只有成年绵羊和较大的绵羊才见到临床症状，病羊逐渐出现虚弱、消瘦、呼吸困难的症状。

病初病羊因剧烈运动而呼吸加快，随着病情的发展，呼吸快而浅表，吸气时常见头颈伸直、鼻孔扩张。病羊常有湿性咳嗽。当支气管分泌物积聚于鼻腔时，则出现鼻塞音，低头时，分泌物自鼻孔流出。分泌物检查，可见增生的上皮细胞。肺部叩诊、听诊，可闻知湿罗音和肺实变区。疾病后期，病羊衰弱、消瘦、贫血，但仍可站立。体温一般正常。病羊常继发细菌性感染，引起化脓性肺炎，导致急性、有时可能呈发热性病程。病羊最终因虚脱而死亡，病死率可高达100%。

3.病变 病羊死后的病理变化主要局限于肺部及胸部。早期病羊肺尖叶、心叶、膈叶前缘等部位出现弥漫性小结节，质地硬，稍突出于肺表面，切面可见颗粒状突起物，反光性强。随着病情的发展，肺脏出现大量肿瘤组织构成的结节，粟粒至枣子大小。有时一个肺叶的结节增生、融合而形成较大的肿块。继发感染时则形成大小不等的脓肿。患区胸膜增厚，常与胸壁、心包膜粘连。支气管淋巴结、纵隔淋巴结增大，也形成肿块。体腔内常积聚少量的渗出液。病理组织学检查，肿瘤是由支气管上皮细胞所组成，除见有简单的腺瘤状构造外，还可见到乳头状瘤构造。

（二）鉴别诊断

本病应与梅迪—维斯纳病、蠕虫性肺炎、肺脓肿和其他的肺部疾病相鉴别。鉴别诊断参见梅迪—维斯纳病。

（三）防治措施

本病迄今尚无特异性疫苗供免疫接种，也无有效的治疗方法。

防治本病的关键是平时加强饲养管理，不从疫区引进羊；进羊时严格检疫。羊群一旦发生本病，很难清除，故须全群淘汰，以清除病原。

山羊病毒性关节炎脑炎

关键技术

诊断：本病主要发生于山羊，成年羊表现为慢性多发性关节炎，间或伴发间质性肺炎或间质性乳腺炎，羔羊常呈现脑脊髓炎症状。

防治：目前尚无有效疗法和疫苗。防治本病的关键是加强饲养管理和搞好防疫卫生工作。进行定期检疫。及时淘汰血清学反应阳性羊。引进羊只实行严格检疫。在无本病地区提倡自繁自养。

山羊病毒性关节炎脑炎是一种病毒性传染病。其临床特征是成年羊表现为慢性多发性关节炎，间或伴发间质性肺炎或间质性乳腺炎；羔羊常呈现脑脊髓炎症状。该病毒的形态结构和生物学特性与梅迪维斯纳病毒相似。

（一）诊断要点

1.流行特点 山羊是本病的主要易感动物。自然条件下，本病只在山羊之间互相传播，绵羊不感染。病羊和隐性带毒羊为主要传染源。感染羊可通过粪便、唾液、呼吸道分泌物、阴道分泌物、乳汁等排出病毒，污染环境。病毒主要经吮乳而感染羔羊，污染的牧草、饲料、饮水以及用具可成为传播媒介，消化道是主要的感染途径（呼吸道和医疗器械接种传播本病的可能性不能排除。带毒公羊和健康母羊接触1～5天不引起感染）。各种年龄的羊均有易感性，而以成年羊感染发病居多。感染母羊所产羔羊当年发病率为16%～19%，病死率高达100%。感染羊在良好的饲养管理条件下，多不出现临床症状或症状不明显，只有通过血清学检查，才被发现。一旦饲养管理不当、长途运输或遭受到环境应激因素的刺激，则表现出临床症状。

2.症状 根据临床表现分为三种病型，即脑脊髓炎型、关节炎型和间质性肺炎型。多为独立发生，少有交叉。但在剖检时，多数病例具有其中两型或三型的病理变化。

（1）脑脊髓炎型：潜伏期为53～131天。主要发生于2～4月龄羔羊。有明显的季节性，80%以上的病例发生于3～8月间，显然与晚冬和春季产羔有关。病初病羊精神沉郁、跛行，进而四肢强直或共济失调。一肢或数肢麻痹、卧地不起、四肢划动，有的病例眼球震颤、角弓反张，头颈歪斜或做圆圈运动。有时面神经麻痹，吞咽困难或双目失明。病程半月至一年，个别耐过病例留有后遗症，少数病例兼有肺炎或关节炎症状。

（2）关节炎型：发生于1岁以上的成年山羊，病程1～3年。典型症状是腕关节肿大和跛行。膝关节和跗关节有时也可发病。病情逐渐加重或突然发生。开始，关节周围的软组织水肿、湿热、有波动、疼痛，有轻重不一的跛行，进而关节肿大如拳，活动不便，常见前膝跪地膝行。有时病羊肩前淋巴结肿大。X射线透视检查，轻型病例关节周围组织水肿；重症病例软组织坏死、纤维化或钙化，关节液呈黄色或粉红色。

（3）肺炎型：较少见。无年龄限制，病程3～6个月。病羊进行性消瘦、咳嗽、呼吸困难，胸部叩诊有浊音，听诊有湿罗音。

除上述三种病型外，哺乳母羊有时发生间质性乳房炎。

3.病变 主要病变见于中枢神经系统、四肢关节及肺脏，其次是乳腺。

（1）中枢神经：主要发生于小脑和脊髓的灰质，在前庭核部位将小脑横断，可见一侧脑白质有一棕色区。镜检见血管周围有淋巴样细胞、单核细胞核网状纤维增生，形成管套，神经纤维有不同程度的脱髓鞘变化。

（2）肺脏：轻度肿大，质地硬，呈灰色，表面散在灰白色小点，切面有大叶性或斑块状实变区。支气管淋巴结和纵隔淋巴结肿大，支气管空虚或充满浆液和黏液，镜检可见，细支气管和血管周围淋巴细胞、单核细胞或巨噬细胞浸润，甚至形成淋巴小结，肺泡上皮增生，肺泡膈肥厚，小叶间结缔组织增生，邻近细胞萎缩或纤维化。

（3）关节：关节周围软组织肿胀有波动，皮下浆液渗出。关节囊肥厚，滑膜常与关节软骨粘连。关节腔扩张，充满黄色或粉红色液体，其中悬浮纤维蛋白条索或血凝块。滑膜表面光滑，或有结节状增生物。透过滑膜可见组织中的钙化斑。镜检可见滑膜绒毛增生折叠，淋巴细胞、浆细胞及单核细胞灶状聚集，严重者发生纤维蛋白性坏死。

（4）乳腺：发生乳腺炎的病例，镜检可见血管、乳导管周围及腺叶间有大量淋巴细胞、单核细胞和巨噬细胞渗出，继而出现大量浆细胞，间质常发生灶状坏死。

（5）肾脏；少数病例肾表面有1~2毫米的灰白小点。镜检可见广泛性的肾小球肾炎。

依据病史、临床症状和病理变化诊断临床病例并不困难，关键是要用琼脂扩散试验或酶联免疫吸附试验等血清学方法确定隐性感染动物。

（二）防治措施

目前尚无有效疗法和疫苗。防治本病的关键是加强饲养管理和搞好防疫卫生工作。执行定期检疫。及时淘汰血清学反应阳性羊。引进羊只实行严格检疫。在无本病地区提倡自繁自养。

四、羊的主要寄生虫病

肝片吸虫病

关键技术 ——————————————————

    诊断： 本病多发于低洼、潮湿的沼泽地带，多雨季节；病羊消瘦、衰弱，呈现急性或慢性肝炎症状，剖检胆管内有棕红色虫体和污浊稠厚的液体。

    防治： 采取综合性防治措施是防治本病的关键。加强饲养管理，注意饮水及饲草卫生；用蛭得净等驱虫药定期驱虫，对粪便及时清理并堆积发酵，杀死虫卵；消灭中间宿主，破坏椎实螺的生活条件。

    羊肝片吸虫病是由肝片吸虫寄生于肝脏胆管内引起的慢性或急性肝炎和胆管炎，同时伴发全身性中毒现象及营养障碍等症状的疾病。该病也可危害其他反刍动物、猪和马属动物，人也可感染发病。

    肝片吸虫外观呈扁平叶状，体长20～35毫米、宽5～13毫米。从胆管内取出的鲜活虫体呈棕红色。肝片吸虫的成虫寄生于羊及其他宿主的胆管内，产出的虫卵随胆汁进入消化道，并与粪便一同排出体外。

（一）诊断要点

1.流行特点　本病的传播需要中间宿主（各种椎实螺，如小土螺、截口土螺、椭圆萝卜螺和耳萝卜螺等），当幼虫在中间宿主体内发育成尾蚴后便离开螺体，附着在水生植物或水面上形成囊蚴，羊在吃草或饮水时若吞食了囊蚴即可感染发病。

外界环境和季节对本病的流行有很大影响。常流行于河流、山川、小溪和低洼、潮湿的沼泽地带。特别在多雨年份和多雨季节，由于淡水螺类剧增，本病流行严重。我国南方以9～11月份，北方8～9月份，牛、羊感染最为严重。

2.症状

（1）急性型（童虫寄生阶段）：多因短期感染大量囊蚴所致。病羊初期发热，不食，精神不振，衰弱易疲劳，离群，肝区压痛明显，排黏液性血便，全身颤抖。红细胞及血红素显著降低，严重者多在几天内死亡。

（2）慢性型（成虫寄生阶段）：主要表现消瘦，贫血，黏膜苍白黄染，食欲不振，异嗜，被毛粗乱无光，步行缓慢。在眼睑、颌下、胸腹下出现水肿，便秘与下痢常交替发生，最后可因极度衰弱死亡。

3.病变　病理变化主要在肝脏，其变化程度与感染虫体的数量及病程长短有关。

在大量感染、急性死亡的病例中，可见到急性肝炎和大出血后的贫血现象，肝脏肿大，包膜有纤维素沉积，有2～5毫米长的暗红色虫道，虫道内有凝固的血液和少量幼虫。腹腔中有血红色的液体，有腹膜炎病变。

慢性病例主要呈现慢性增生性肝炎。在肝组织被破坏的部位出现淡白色索状瘢痕，肝实质萎缩，退色，变硬，边缘钝圆；胆管肥厚，扩张呈绳索状突出于肝表面；胆管内有磷酸钙和磷酸镁等盐类沉积，使内膜粗糙，刀切时有"沙沙"声，胆管内有虫体和污浊稠厚的液体。此外，病尸还表现消瘦、贫血和水肿现象，胸膜腔及心包内蓄积有透明的液体。

（二）防治措施

1.预防　必须采取综合性防治措施，才能取得较好效果。

（1）定期驱虫：在本病流行地区每年应结合当地具体情况进行1～2次驱虫，一般可选择在秋末冬初进行。如进行两次驱虫，另一次可安排在第二年的春季。

（2）粪便处理：对粪便及时清理并堆积发酵，杀死虫卵。

（3）饮水及饲草卫生：尽可能避开有椎实螺滋生的地方放牧，以防感染囊蚴。饮用水最好使用自来水、井水或流动的河水。

（4）消灭中间宿主：可结合水土改造破坏椎实螺的生活条件。沼泽地区用硫酸铜溶液（1∶50 000）或以2.5∶1 000 000的血防67进行浸杀或喷杀。

2.治疗 常用驱虫药有以下几种。

（1）丙硫苯咪唑：以每千克体重15~25毫克一次口服。

（2）蛭得净（溴酚磷）：以每千克体重16毫克一次口服，对成虫和幼虫均有很高疗效。

（3）硝氯酚（拜耳9015）：以每千克体重4~5毫克一次口服，驱成虫有高效。

（4）肝蛭净（三氯苯唑）：以每千克体重10毫克一次口服，对发育各阶段的肝片吸虫均有效。

（5）碘醚柳胺：以每千克体重7.5毫克一次口服，对成虫和6~12周未成熟的肝片吸虫均有效。

（6）硫双二氯酚（别丁）：以每千克体重80~100毫克灌服，驱成虫有效。

双腔吸虫病

关键技术

诊断：用粪便水洗沉淀法查出虫卵，或对死羊进行剖检，在胆管、胆囊内找出扁平、透明、呈棕红色的虫体，肉眼可见到内部器官，即可确诊。

防治：以定期驱虫为主，同时加强饲养管理，提高其抵抗力；消灭中间宿主，阻断病原传播途径及感染来源；粪便进行堆积发酵处理，以杀灭虫卵。常用驱虫药首选海涛林，其次还有丙硫苯咪唑、六氯对二甲苯（血防846）、吡喹酮等。

双腔吸虫病是由矛形双腔吸虫和中华双腔吸虫等寄生于家畜肝脏、胆管和胆囊内所引起的疾病。该病在我国各地均有发生，尤其在东北、西北地区及内蒙古最为常见。

矛形双腔吸虫的虫体前端尖细，后端较钝，呈矛状，扁平、透明，呈棕红色，肉眼可见到内部器官，体长5~15毫米，宽1.5~2.5毫米；中华双腔吸虫与矛形双腔吸虫相似，体长3.5~9毫米，宽2.03~3.09毫米。

（一）诊断要点

1.流行特点　本病主要危害反刍动物，也可感染猪、马属动物、犬、兔及人等。本病的传播需要两个中间宿主（第一中间宿主为陆地螺，第二中间宿主为蚂蚁）。羊在放牧时如吞食了含有囊蚴的蚂蚁便可感染发病。

本病呈典型的地方性流行的特点。从分布的地区来看，矛形双腔吸虫多分布于较干燥的高山牧场的灌木丛及高原的阳坡地带。中华双腔吸虫则分布于草原地区的沼泽、苔草地段以及丘陵区的山间谷地和平原地带的河谷漫滩。上述地带均具备终年温暖潮湿的气候及松软的土壤、茂密的植被等特点，很适宜中间宿主陆地螺和蚂蚁的滋生。本病的发生具有明显的季节性，一般在夏秋感染而多在冬春发病。

2.症状　因感染强度不同，其症状有所差异。轻度感染的羊常不显临床症状。严重感染时则表现精神沉郁，食欲不振，黏膜苍白黄染，颌下水肿，腹胀，下痢，行动迟缓，渐进性消瘦，终因极度衰竭而死亡。有些病羊常继发肝源性感光过敏症，其表现为，多在阳光明媚的上午（10~11点）放牧时，突然发生耳和头面部急性肿胀（水肿），影响动物采食，全身症状恶化，常常引起死亡。不死者肿胀很难消退，往往形成大面积破溃、渗出、结痂或继发细菌感染等。

3.病变　肝肿大变硬，胆管扩张，管壁增厚，周围结缔组织增生，挤压切开的肝脏断面，常见从胆管内流出多量黄白色脓性分泌物，内含有大量发育不同阶段的虫体和虫卵。胆囊肿大，在胆汁内同样也混有大量发育不同阶段的虫体和虫卵。

（二）防治措施

1.预防　与肝片吸虫病相同，以定期驱虫为主，同时加强羊群的饲养管理，提高其抵抗力；消灭中间宿主，阻断病原传播途径及感染来源；粪便进行堆积发酵处理，以杀灭虫卵。

2.治疗 常用驱虫药有以下几种。

（1）海涛林：以每千克体重30～80毫克一次灌服，对双腔吸虫病有特效，对怀孕母羊及产羔均无不良影响。

（2）丙硫苯咪唑：以每千克体重30～40毫克一次灌服。

（3）六氯对二甲苯（血防846）：以每千克体重200～300毫克一次灌服。

（4）吡喹酮：以每千克体重60～80毫克一次灌服。

（5）噻苯唑：以每千克体重150～200毫克一次灌服。

前后盘吸虫病

关键技术

诊断： 主要进行病原学检查。生前诊断可用粪便水洗沉淀法或直接涂片镜检虫卵；死后诊断，可依据剖检的病变情况和发现相应的成虫或幼虫情况进行判断。

防治： 采取综合性防治措施是防治本病的关键。加强饲养管理，注意饮水及饲草卫生；用溴羟替苯胺、硫双二氯酚等驱虫药定期驱虫；对粪便及时清理并堆积发酵，杀死虫卵；消灭中间宿主，破坏淡水螺的生活条件。

前后盘吸虫病是由前后盘科的各属吸虫寄生而引起的寄生虫病。成虫主要寄生于牛羊等多种反刍动物的瘤胃壁上，有时在网胃、瓣胃也可发现虫体，一般危害不大。但其幼虫阶段，因在发育过程中移行于真胃、小肠、胆管、胆囊，可造成严重的疾病，甚至死亡。

前后盘吸虫种属很多，虫体大小差异很大，颜色有深红色、淡红色或乳白色。其共同特征是：虫体形状呈长椭圆形、圆锥形或梨形；两个吸盘中，腹吸盘位于虫体后端，并显著大于口吸盘。我国常见的有鹿前后盘吸虫（新鲜虫体呈淡红色，圆锥形，体长5～13毫米，宽2～4毫米）、殖盘吸虫（虫体呈白色，圆锥形，体长8～10.8毫米，宽3.2～3.41毫米）。

（一）诊断要点

1.流行特点　本病主要发生于夏秋季节。其中间宿主淡水螺分布广泛，几乎在沟塘、小溪、湖沼、水田中均有大量扁卷螺，在低洼潮湿地区也有大量小椎实螺滋生，与本病的发生流行有直接关系。幼虫在中间宿主体内发育到一定阶段后，便离开中间宿主，附着在水草上形成囊蚴。羊若吞食了附有囊蚴的水草即可感染发病。

2.症状　患病羊表现顽固性腹泻，粪便常有腥臭味，体温有时升高，消瘦，贫血，颌下水肿，黏膜苍白，后期因极度消瘦衰竭而死亡。

3.病变　可见尸体消瘦，黏膜苍白，唇和鼻镜上有浅在的溃疡，腹腔内有红色液体，有时在液体内还可发现幼小虫体。真胃幽门部、小肠黏膜有卡他性炎症，黏膜下可发现幼小虫体，肠内充满腥臭的稀粪。胆管、胆囊臌胀，内有童虫。成虫寄生部位损害轻微，常可在瘤胃壁的胃绒毛之间吸附有大量成虫。

（二）防治措施

1.预防　同肝片吸虫病。

2.治疗　常用驱虫药有以下几种。

（1）氯硝柳胺（灭绦灵）：以每千克体重75～80毫克一次灌服，对驱除幼虫效果良好。

（2）硫双二氯酚：以每千克体重80～100毫克一次灌服，驱除成虫效果显著，对驱除幼虫亦有较好的效果。

（3）溴羟替苯胺：以每千克体重65毫克，制成悬浮液进行灌服。对驱除成虫、幼虫均有较好的效果。

阔盘吸虫病

关键技术

诊断：关键是进行病原学检查。生前诊断可用粪便水洗沉淀法，或直接涂片镜检虫卵；死后剖检可见胰腺肿大，胰管呈黑色蚯蚓状突出于胰脏表面。胰管发炎肥厚，管腔黏膜不平，有点状出血，内含大量虫体。慢性病例整个胰脏硬化、萎缩，胰管内仍有虫体寄生。

防治： 采取综合性防治措施。用六氯对二甲苯或吡喹酮定期驱虫；有条件的地区可实行划区放牧，以避免感染；消灭第一中间宿主；加强饲养管理，以增强畜体的抗病能力。

阔盘吸虫病是由阔盘属的数种吸虫寄生于宿主的胰管中所引起的疾病，又称胰吸虫病。有时病原偶而寄生于胆管和十二指肠内。

寄生于牛羊等反刍动物的阔盘吸虫主要有胰阔盘吸虫、腔阔盘吸虫和枝睾阔盘吸虫，其中以胰阔盘吸虫最为常见。其虫体扁平、较厚，呈棕红色。虫体长8～16毫米，宽5～5.8毫米，呈长卵圆形。口吸盘大于腹吸盘。

（一）诊断要点

1.流行特点 本病主要侵害牛羊等反刍动物，也可感染猪、兔、猴和人等。我国东北、西北及南方各省区均有本病的流行。本病的传播需要两个中间宿主（第一中间宿主为陆地螺，第二中间宿主为草螽或针蟀），羊在吃草时若吞食了含有囊蚴的草螽或针蟀而感染。

2.症状 阔盘吸虫大量寄生时，由于虫体刺激和毒素的作用，使胰管发生慢性增生性炎症，导致胰管管腔狭窄甚至闭塞，从而使胰消化酶的产生和分泌及糖代谢机能失调，引起消化和营养障碍。病羊表现消化不良，消瘦，贫血，颌下及胸前水肿，衰弱，经常下痢，粪中常有黏液，严重时可引起死亡。

3.病变 尸体消瘦，胰腺肿大，胰管因高度扩张呈黑色蚯蚓状突出于胰脏表面。胰管发炎肥厚，管腔黏膜不平，呈乳头状小结节突起，并有点状出血，内含大量虫体。慢性感染病例则因结缔组织增生而导致整个胰脏硬化、萎缩，胰管内仍有数量不等的虫体寄生。

（二）防治措施

1.预防 本病流行地区，应在每年初冬和早春各进行1次预防性驱虫；有条件的地区可实行划区放牧，以避免感染；注意消灭其第一中间宿主陆地螺（第二中间宿主草螽在牧场广泛存在，扑灭甚为困难）；同时加强饲养管理，以增强畜体的抗病能力。

2.治疗 常用的驱虫药有以下几种。

（1）六氯对二甲苯：以每千克体重400毫克，口服，3次，每次间隔2天。

（2）吡喹酮：以每千克体重65～80毫克口服；也可将吡喹酮与液状石蜡或植物油（灭菌）混合制成20%油剂，以每千克体重50毫克进行肌肉注射或腹腔注射。

血吸虫病

关键技术

　　诊断：对病羊进行病原学检查。生前诊断可用粪便水洗沉淀虫卵，涂片镜检法，或虫卵孵化法检查毛蚴，亦可用皮内变态反应法；死后剖检在肝脏和肠道处有数量不等的灰白色虫卵结节。

　　防治：采取综合性防治措施。定期对人、畜进行驱虫；消灭中间宿主，结合水土改造工程或用灭螺药物杀灭中间宿主；粪便进行堆积发酵和制造沼气；选择无螺水源，实行专塘用水或用井水；全面合理规划草场建设，逐步实行划区轮牧；夏季防止家畜涉水，避免感染尾蚴。

　　羊的血吸虫病是由分体科分体属和东毕属的吸虫寄生于门静脉、肠系膜静脉和盆腔静脉内，引起贫血、消瘦与营养障碍等疾患的一种蠕虫病。分体属的吸虫寄生于人、羊、牛、猪、马属动物、犬、猫、家兔和30多种野生动物，流行于长江以南包括台湾省在内的十多个省、自治区，是危害十分严重的人畜共患寄生虫病。东毕属的各种吸虫分布较广，几乎遍及全国，宿主范围包括羊、牛、马属动物、骆驼及一些野生动物。东毕吸虫不引起人的血吸虫病，仅其尾蚴可引起人的皮肤炎症，但不能在体内进一步发育。

　　分体属吸虫在我国仅有日本分体吸虫一种，虫体呈细长线状。雄虫呈乳白色，体长10～20毫米，宽0.5～0.97毫米。雌虫呈暗褐色，体长12～26毫米，宽约0.3毫米。东毕属中较重要的虫体有土耳其斯坦东毕吸虫、彭氏东毕吸虫、程氏东毕吸虫和土耳其斯坦结节变种。

（一）诊断要点

1.流行特点　日本分体吸虫与东毕吸虫的发育过程大体相似。日本分体吸虫的中间宿主是钉螺，而东毕吸虫是椎实螺科的多种螺蛳。它们的幼虫在中间宿主体内发育到尾蚴后，便离开螺体进入水中。当羊在饮水或放牧时，尾蚴即可钻入羊皮肤或通过口腔黏膜进入体内，从而使羊发病。体内的虫体亦可通过胎盘感染胎儿。

2.症状 日本分体吸虫大量感染时，病羊表现为腹泻和下痢，粪中带有黏液、血液，体温升高，黏膜苍白，日渐消瘦，生长发育受阻，可导致不妊娠或流产。通常绵羊和山羊感染日本分体吸虫时症状表现较轻，感染东毕吸虫的羊，多为慢性经过。主要表现为颌下、腹下水肿，贫血、黄疸，消瘦，发育障碍及影响受胎，发生流产等，如饲养管理不良，最终导致死亡。

3.病变 剖检可见尸体明显消瘦、贫血和出现大量腹水；肠系膜、大网膜，甚至胃肠壁浆膜层出现显著的胶样浸润；肠黏膜有出血点、坏死灶、溃疡、肥厚或瘢痕组织；肠系膜淋巴结及脾脏变性、坏死；肠系膜静脉内有成虫寄生；肝脏病初肿大，后则萎缩、硬化；在肝脏和肠道处有数量不等的灰白色虫卵结节；心脏、肾脏、胰脏、脾脏、胃等器官有时也发现虫卵结节。

（二）防治措施

1.预防 该病危害严重，宿主范围广且生活史复杂，因此预防本病的关键是采取综合性防治措施。

定期驱虫，及时对人、畜进行驱虫和治疗，并做好病畜的淘汰工作；消灭中间宿主，结合水土改造工程或用灭螺药物杀灭中间宿主，阻断血吸虫的发育途径；加强粪便处理，在疫区内将人、畜粪便进行堆积发酵和制造沼气，既可增加肥效，又可杀灭虫卵；加强用水管理，选择无螺水源，实行专塘用水或用井水，以杜绝尾蚴的感染；全面合理规划草场建设，逐步实行划区轮牧；夏季防止家畜涉水，避免感染尾蚴。

2.治疗 常用的驱虫药物有如下几种。

（1）硝硫氰胺：以每千克体重4毫克，配成2%～3%的水悬液，静脉注射。

（2）吡喹酮：以每千克体重30～50毫克一次口服。

（3）敌百虫：绵羊以每千克体重70～100毫克，山羊以每千克体重50～70毫克灌服。

（4）六氯对二甲苯：以每千克体重200～300毫克灌服。

棘球蚴病

关键技术

诊断： 生前可利用X光或超声波检查，也可用免疫学诊断（皮内变态反应方法）；死后根据肝脏、肺脏表面和实质内有大小不一、数量不等的棘球蚴囊泡突起即可确诊。

防治： 加强兽医卫生检验，对有病的脏器一律深埋或焚烧，严禁用来喂犬和随便丢弃；饲草、饮水防止被犬粪污染。对牧羊犬和家犬定期驱虫，用药后应拴留1昼夜，并将所排出的粪便烧毁或深埋处理。对野犬、狼、狐狸等终末宿主应予以捕杀。目前对本病尚无有效实用的治疗方法。

棘球蚴病亦称包虫病，是由数种棘球绦虫的幼虫——棘球蚴寄生于绵羊、山羊、牛、马、猪、骆驼及人的肝脏、肺脏等脏器组织中所引起的一种严重的人畜共患寄生虫病。成虫以肉食兽为终末宿主，寄生于犬、狼、豺、狐和狮、虎、豹等动物的小肠内。该病在我国分布较广，严重威胁人类的生命安全，给畜牧业发展亦造成严重的危害。

羊的棘球蚴病主要由细粒棘球绦虫的幼虫——细粒棘球蚴所致。细粒棘球蚴呈多种多样的囊泡状，大小自黄豆大至人头大，囊内充满液体。一个发育良好的棘球蚴内能发育出200万个原头蚴；细粒棘球绦虫虫体很小，长2~7毫米，由1个头节和3~4个节片组成。

（一）诊断要点

1.流行特点 细粒棘球绦虫（成虫）寄生于犬、狼、狐等肉食兽小肠内，一条犬感染虫体的数量可达数千条，其孕节片或虫卵随粪便排出体外。当羊、牛等中间宿主吞食了含有孕节片或虫卵的饲料或饮水，虫卵便在消化道发育为六钩蚴，然后六钩蚴钻入肠壁血管内，随血流到达肝脏停留下来，发育为棘球蚴；六钩蚴亦可继续随血流到达肺脏或其他部位发育成棘球蚴。在中间宿主体内，棘球蚴的生长可持续数年之久。终末宿主肉食兽吞食了含有棘球蚴包囊的内脏及组织后，包囊内的原头蚴在小肠内逸出，附着于肠壁上，发育为成虫。

2.症状 轻度感染和感染初期，通常无明显症状；严重感染的羊被毛逆立，时常脱毛，营养不良，消瘦。肺部感染时有明显的咳嗽，咳后往往卧地，不愿起立。

3.病变 剖检病变主要见于虫体经常寄生的肝脏和肺脏，表面凸凹不平，重量增大，有数量不等的棘球蚴囊泡突起，肝脏、肺脏实质中存在有数量不等、大小不一的棘球蚴包囊，囊内含有大量液体，除不育囊外，囊液沉淀后，即可见大量的包囊砂。有时棘球蚴发生钙化和化脓。此外，在脾脏、肾脏、脑、脊椎管、肌肉及皮下，偶可见有棘球蚴寄生。

在疫区内怀疑为本病时，生前诊断仅根据临床症状很难确诊。可利用X光或超声波检查，也可用免疫学诊断（皮内变态反应方法）。

皮内变态反应方法：在新鲜棘球蚴囊液内按10 000：1的比例加入硫柳汞，置冰箱过夜，使头节和生发囊沉淀，然后通过无菌过滤，即制得不含原头蚴的囊液抗原。诊断时，取抗原0.1～0.2毫升，在羊颈部剪毛消毒后的皮肤上做皮内注射，注射后5～15分钟，如注射局部出现直径0.5～2.0厘米的肿胀或水肿红斑，即为阳性。此法要求在对侧相应部位注射等剂量的生理盐水作对照。因变态反应可与其他绦虫蚴出现交叉反应，故此法仅有70%的准确率。

（二）防治措施

1.预防 预防本病的关键是加强兽医卫生检验，对有病的脏器一律深埋或焚烧，严禁用来喂犬和随便丢弃；饲草、饮水防止被犬粪污染。对牧羊犬和家犬至少每个季度进行一次驱虫，常用药物有吡喹酮，以每千克体重5～10毫克，一次内服；或用氢溴酸槟榔碱，以每千克体重1～4毫克，一次内服，服药后应拴留1昼夜，并将所排出的粪便烧毁或深埋处理，以防病原扩散。对野犬、狼、狐狸等终末宿主应予以捕杀。

2.治疗 目前对本病尚无有效治疗方法，比较可靠的方法是手术摘除棘球蚴或切除被寄生的器官。但很少用于家畜的治疗。

脑多头蚴病

诊断：病羊表现出一系列神经症状（如有异常运动、视力障碍）和头部的局部变化（病变位于颅骨处，骨质松软、变薄，甚至穿孔，皮肤隆起），据此即可确诊。

防治：防止犬等肉食兽食入带多头蚴的脑、脊髓，对患畜的脑和脊髓应烧毁或做深埋处理。对牧羊犬和家犬应定期驱虫。对野犬、豺、狼、狐狸等终末宿主应予以捕杀。对早期病例可用吡喹酮治疗，对晚期病例，可采取手术摘除。

脑多头蚴病又称"脑包虫病"，是由于多头绦虫的幼虫——多头蚴寄生在绵羊、山羊的脑、脊髓内，引起脑炎、脑膜炎及一系列神经症状（周期性转圈运动），甚至死亡的严重寄生虫病。多头蚴还可危害黄牛、牦牛、猪、马甚至人类。成虫则寄生于犬、狼、狐、豺等肉食兽的小肠。该病散布于全国各地，并多见于犬活动频繁的地方。

多头蚴呈囊泡状，其大小由豌豆大至鸡蛋大，囊内充满透明液体，在囊的内壁上有100～250个原头蚴；多头绦虫虫体长40～100厘米，由200～500个节片组成。

（一）诊断要点

1.流行特点 成虫多头绦虫寄生于犬、狼、狐、豺等肉食兽的小肠内，发育成熟后，其孕节片脱落，随粪便排出体外，释放出大量虫卵，污染草场、饲料或饮水。当虫卵被中间宿主羊、牛等吞食后，虫卵便在其消化道中发育为六钩蚴，然后，六钩蚴钻入肠黏膜血管内随血流到达脑和脊髓，经2～3个月发育为脑多头蚴。六钩蚴若到达其他部位则不能继续发育而死亡。终末宿主犬、狼、狐等肉食兽吞食了含有多头蚴的动物脑或脊髓，多头蚴在其消化液的作用下，囊壁溶解，原头蚴附着在小肠壁上开始发育，经41～73天发育为成虫。

2.症状 该病呈急性型或慢性型，症状表现取决于寄生部位和病原体的大小。

（1）急性型：以羔羊表现最为明显。感染初期，由于六钩蚴进入脑组织，虫体在脑膜和脑组织中移行，刺激和损伤造成脑部炎症，使体温升高，脉搏、呼吸加快，甚至有强烈的兴奋，患畜做回旋运动，前冲或后退，有痉挛性抽搐等。有时表现沉郁，长时间躺卧，脱离畜群。部分病羊在5~7天内因急性脑膜炎死亡，不死者则转为慢性型。

（2）慢性型：患羊耐过急性期后，症状表现逐渐消失，经2~6个月的缓和期，由于多头蚴不断发育长大，再次出现明显症状。

当多头蚴寄生在羊大脑某半球时，除向被虫体压迫的同侧做转圈运动外，还常造成对侧的视力障碍，甚至失明。虫体寄生在大脑正前部时，常见羊头下垂向前做直线运动，碰到障碍物时则头抵物体呆立不动。多头蚴在大脑后部寄生时，主要表现为头部高举或做后退运动，甚至倒地不起，并常有强直性痉挛出现。虫体寄生在小脑时，病羊站立或运动常失去平衡，身体共济失调，易跌倒，对外界干扰或声响反应敏感，易惊恐。多头蚴寄生在脊髓时，表现步伐不稳，进而引起后肢麻痹；当膀胱括约肌发生麻痹时，则出现小便失禁。

此外，患羊还表现食欲减退，甚至消失；由于不能正常采食和休息，体重逐渐减轻，显著消瘦、衰弱，常在数次发作后陷于恶病质而死亡。

3.病变 急性死亡的羊见有脑膜炎和脑炎病变，还可见到六钩蚴在脑膜中移行时留下的弯曲伤痕。慢性期的病例则可见在脑或脊髓的不同部位发现1个或数个大小不等的囊状多头蚴；在病变或与虫体相接的颅骨处，骨质松软、变薄，甚至穿孔，致使皮肤向表面隆起；病灶周围脑组织或较远部位发炎，有时可见萎缩变性或钙化的多头蚴。

（二）鉴别诊断

在诊断本病时主要根据病羊表现出一系列神经症状（如有异常运动、视力障碍）和头部的局部变化。但应注意与莫尼茨绦虫、羊鼻蝇蛆病以及其他脑部疾患所表现的神经症状相区别，这些疾病一般没有头骨变薄、变软和皮肤隆起的现象。

（三）防治措施

1.预防 防止犬等肉食兽食入带多头蚴的脑、脊髓，对患畜的脑和脊髓应烧毁或做深埋处理。对牧羊犬和家犬应用吡喹酮（每千克体重5~10毫克，一次内服）或氢溴酸槟榔碱（每千克体重1.5~2毫克，一次内服）定期驱虫。对野犬、豺、狼、狐狸等终末宿主应予以捕杀。

2.治疗 对早期病例可试用吡喹酮治疗，剂量为每天每千克体重50毫克，内服，连用5天为一个疗程。对晚期病例，可采取手术摘除。其方法是：定位后，局部剪毛、消毒，将皮肤做"U"字形切开，用圆锯打开术部颅骨，先用注射器吸出囊液，再摘除囊体，然后对伤口作一般外科处理。为防止细菌感染，可于手术后3天内连续注射青霉素。也可不做切口，直接用注射针头从外面刺入囊内抽出囊液，再注入95%酒精1毫升。

细颈囊尾蚴病

关键技术

诊断： 本病生前诊断非常困难。诊断本病的关键是剖检发现悬垂于腹腔脏器上囊状虫体。

防治： 含有细颈囊尾蚴的脏器，应进行无害化处理，未经煮熟严禁喂犬；在本病的流行地区，应及时给犬进行驱虫；做好羊饲料、饮水及圈舍的清洁卫生工作，防止被犬粪污染。目前尚无有效方法治疗。

细颈囊尾蚴病是由泡状带绦虫的幼虫——细颈囊尾蚴寄生于绵羊、山羊、黄牛、猪等多种家畜的肝脏浆膜、网膜及肠系膜所引起的一种绦虫蚴病。细颈囊尾蚴病主要引起家畜，尤其是羔羊、子猪和犊牛的生长发育受阻，体重减轻，当大量感染时可因肝脏严重受损而导致死亡。其成虫则寄生于犬、狼、狐狸等肉食动物的小肠内。本病在全国各地均有不同程度的发生，但羊发病多见于与犬接触较为密切的广大牧区。

细颈囊尾蚴俗称"水铃铛"，多悬垂于腹腔脏器上。虫体呈囊状，大小不一，内含透明液体；泡状带绦虫虫体长75～500厘米，链体由250～300个节片组成。虫体前部节片宽而短，后部节片（孕节）长大于宽。

（一）诊断要点

1.流行特点 成虫泡状带绦虫寄生于犬、狼、狐等肉食兽的小肠内，发育成熟后孕节或虫卵随粪便排出体外，污染草场、饲料或饮水。当中间宿主羊、牛等采食了含有孕节或虫卵的草料、饮水后，在消化道内孵化出六钩蚴，它钻入肠壁血管，随血流到达肝脏后逐渐移行到肝脏表面，或进入腹腔内寄生于大网膜、肠系膜等其他部位，从而引起发病。

2.症状 通常成年羊症状表现不明显，羔羊则症状显著。当肝脏及腹腔在六钩蚴的作用下发生炎症时，可出现体温升高，精神沉郁，腹水增加，腹壁有压痛，甚至发生死亡。经过上述急性发作后则转为慢性病程，一般表现为消瘦、衰弱和黄疸等症状。

3.病变 慢性病例可见肝脏浆膜、肠系膜、网膜上具有数量不等，大小不一的虫体泡囊，严重时还可在肺脏和胸腔内发现虫体。急性病程可见急性肝炎及腹膜炎，肝脏肿大，表现有出血点，肝实质中有虫体移行时的虫道，有时出现腹水并混有渗出的血液，病变部有尚在移行发育中的虫体。

（二）防治措施

1.预防 含有细颈囊尾蚴的脏器，应进行无害化处理，未经煮熟严禁喂犬；在本病的流行地区，应及时给犬进行驱虫；做好羊饲料、饮水及圈舍的清洁卫生工作，防止被犬粪污染。

2.治疗 目前尚无有效方法。

羊绦虫病

关键技术

诊断： 生前诊断本病的关键是查找可疑羊的粪便中是否排出虫体的节片，必要时亦可用饱和盐水漂浮法进行虫卵检查，也可进行诊断性驱虫，如用药后发现排出虫体或症状明显好转，即可做出诊断。死后剖检在小肠中发现数量不等的虫体。

防治： 根据本病的季节动态，在流行区对羊群定期驱虫。避免在雨后、清晨或傍晚放牧，以减少羊食入地螨的机会。有条件的地方，最好实行牛、羊与马属动物轮牧。

绦虫病是由莫尼茨绦虫、曲子宫绦虫及无卵黄腺绦虫寄生于羊和牛的小肠内所引起的寄生虫病。其中莫尼茨绦虫危害最为严重，特别是羔羊、犊牛感染时，不仅影响生长发育，甚至可引起死亡。多种绦虫既可单独感染，也可混合感染。该病在全国广泛分布，在三北牧区流行更为普遍。

莫尼茨绦虫常见的有贝氏莫尼茨绦虫和扩展莫尼茨绦虫，二者外观难以区别。莫尼茨绦虫虫体呈乳白色带状，由头节、颈节和链体组成，全长可达6米，最宽处16～26毫米。曲子宫绦虫虫体可长达2米，宽约12毫米。无卵黄腺绦虫是反刍动物绦虫中较小的一类，虫体长2～3米，宽仅有3毫米左右，节片短，眼观分节不明显。

（一）诊断要点

1.流行特点 莫尼茨绦虫、曲子宫绦虫和无卵黄腺绦虫的中间宿主均为地螨。寄生于羊、牛小肠中的绦虫成虫，它们的孕节片或虫卵随粪便排出后，如被地螨吞食，则虫卵内的六钩蚴在地螨体内发育为似囊尾蚴。当终末宿主羊、牛等反刍动物在采食时，连同牧草一起吞食了含有似囊尾蚴的地螨后，似囊尾蚴在反刍动物消化道内逸出，附着在肠壁上，逐渐发育为成虫。

2.症状 患羊症状表现的轻重，与感染虫体的多少和病羊的体质、年龄等因素密切相关。一般表现为食欲减退，出现贫血、水肿。羔羊腹泻时，粪中混有虫体节片（呈大米粒样，新排出时常可见蠕动），有时还可见虫体的一段悬吊在肛门处。被毛粗乱无光，喜躺卧，起立困难，体重迅速减轻。若虫体阻塞肠管时，则出现肠臌胀和腹痛，甚至因肠破裂而死亡。有时病羊亦可出现转圈、肌肉痉挛或头向后仰等神经症状。后期，患羊仰头倒地，经常做咀嚼动作，口周围有泡沫，对外界反应几乎丧失，直至全身衰竭而死亡。

3.病变 尸体消瘦、贫血。剖检死羊，可在小肠中发现数量不等的虫体；其寄生处有卡他性炎症，有时可见肠壁扩张、肠套叠乃至肠破裂；肠系膜、肠黏膜、肾脏、脾脏甚至肝脏发生增生性变性过程；肠黏膜、心内膜和心包膜有明显的出血点；脑内可见出血性浸润和出血；腹腔和颅腔内有渗出液潴留。

（二）防治措施

1.预防 根据本病的季节动态，在流行区对羊群成虫期前驱虫，经10～15天再进行第二次驱虫，可防止牧场被污染。避免在雨后、清晨或傍晚放牧，以减少羊食入地螨的机会。有条件的地方，最好实行牛、羊与马属动物轮牧。

2.治疗 常用驱虫药有以下几种。

（1）丙硫苯咪唑（阿苯达唑）：以每千克体重10～16毫克一次口服。

（2）苯硫咪唑（芬苯达唑）：以每千克体重5～10毫克一次口服。

（3）吡喹酮：以每千克体重5～10毫克一次口服。

（4）灭绦灵（氯硝柳胺）：以每千克体重10毫克一次口服。

（5）甲苯咪唑：按每千克体重20毫克一次内服。

（6）硫双二氯酚（别丁）：以每千克体重50～70毫克一次灌服。

羊消化道线虫病

关键技术

　　诊断： 生前可进行粪便虫卵检查。常用的方法是饱和盐水漂浮法或直接涂片法镜检虫卵。死后剖检诊断，在消化道内发现各种消化道线虫即可确诊。

　　防治： 加强饲养管理和定期驱虫。粪便要经过堆积发酵处理；羊群应饮用干净的水；禁放露水草，有条件的地方可实施轮牧。常用驱虫药有左旋咪唑、丙硫苯咪唑或阿维菌素等。

　　寄生于羊消化道的线虫种类很多，各种消化道线虫往往混合感染，对羊群造成不同程度的危害，是每年春乏季节造成羊死亡的重要原因之一。各种消化道线虫引起疾病的情况大致相似，其中以捻转血矛线虫危害最为严重。该病在全国各地均有不同程度的发生和流行，尤以西北、东北地区和内蒙古广大牧区更为普遍，给养羊业带来严重损失。

（一）诊断要点

　　羊的消化道线虫主要有以下10种：

　　捻转血矛线虫寄生于真胃，偶见于小肠。在真胃中属大型线虫。虫体呈粉红色线状，头端尖细。雄虫长15～19毫米，雌虫长27～30毫米。由于红色的消化管和白色的生殖管相互缠绕，形成红白相间的外观，俗称"麻花虫"。此外，寄生于真胃的还有奥斯特线虫（虫体呈棕色，长4～14毫米，亦称"棕色胃虫"）、马歇尔线虫（似棕色胃虫，但虫体较大）；另外，毛圆线虫（长5~6毫米，呈淡红色或褐色）寄生于小肠，偶可寄生于真胃和胰脏。细颈线虫寄生于小肠或真胃。古柏线虫（呈红色或淡黄色，大小与毛圆线虫相似）寄生于小肠、胰脏，偶见于真胃。仰口线虫（虫体较粗大，前端弯向背面，故有"钩虫"之称）寄生于小肠。食道口线虫（虫体较大，呈乳白色）寄生于大肠。夏伯特线虫（亦称"阔口线虫"，大小似食道口线虫）寄生于大肠。毛首线虫（虫体似鞭子，亦称"鞭虫"，虫体较大，呈乳白色）寄生于盲肠。

1.流行特点　羊的各种消化道线虫均为土源性发育，即在它们的发育过程中不需要中间宿主的参与，家畜感染是由于吞食了被虫卵所污染的饲草、饮水所致，幼虫在外界的发育难以制约，从而造成了几乎所有的羊不同程度感染发病的状况。

2.症状　病羊感染各种消化道线虫的主要症状表现为消化紊乱，胃肠道发炎，腹泻，消瘦，眼结膜苍白，贫血。严重病例下颌间隙水肿，羊个体发育受阻。少数病例体温升高，呼吸、脉搏加快，心音减弱，最终病羊因身体极度衰竭而死亡。

3.病变　剖检可见消化道各部有数量不等的相应线虫寄生。尸体消瘦、贫血，内脏显著苍白，胸、腹腔内有淡黄色渗出液，大网膜、肠系膜胶样浸润，肝脏、脾脏出现不同程度的萎缩、变性，真胃黏膜水肿，有时可见虫咬的痕迹和针尖大到粟粒大小结节，小肠和盲肠黏膜有卡他性炎症，大肠可见到黄色小点状的结节或化脓性结节，以及肠壁上遗留下的一些瘢痕性斑点。当大肠上的虫卵结节向腹膜面破溃时，可引发腹膜炎和多发性粘连；向肠腔内破溃时，则可引起溃疡性和化脓性肠炎。

（二）鉴别诊断

通常对症状可疑的羊进行粪便虫卵检查。常用的方法是饱和盐水漂浮法，亦可用直接涂片法镜检虫卵。羊每克粪便中含1 000个虫卵时即应驱虫，羔羊每克粪便中含2 000~6 000个虫卵则被认为是重感染。死后剖检诊断，可通过对虫体的鉴别，进一步确定病原的种类。

镜检时，各种线虫的虫卵一般不易区分；由于各种线虫病的防治方法基本相同，临床上一般没必要对虫卵的种类加以鉴别。

（三）防治措施

1.预防　预防本病的关键是加强饲养管理和定期驱虫。粪便要经过堆积发酵处理；羊群应饮用井水、自来水或干净的流水；尽量避免在潮湿低洼地带和早、晚及雨后放牧（即禁放露水草），有条件的地方可实施轮牧。定期驱虫一般可安排在每年秋末进入舍饲后（12月份至明年1月份）和春季放牧前（3～4月份）各1次。但因地区不同，选择驱虫时间和次数可根据具体情况而定。

2.治疗 可选择下列药物进行驱虫。

（1）丙硫苯咪唑：以每千克体重5～20毫克一次内服。

（2）芬苯达唑：以每千克体重5～10毫克一次内服。

（3）甲苯咪唑：以每千克体重10～15毫克一次内服。

（4）左旋咪唑：以每千克体重10～15毫克一次内服，针剂也可皮下或肌肉注射。

（5）阿维菌素：按每千克体重0.2毫克一次皮下注射或内服。对体内的各种线虫和体表寄生虫均有杀灭作用。

（6）精制敌百虫：绵羊按每千克体重80～100毫克，山羊按每千克体重50～70毫克一次内服。

（7）硫化二苯胺：以每千克体重600毫克，用面汤做成悬浮液一次内服。羊服药24小时内，应避免日光照射，防止出现对日光过敏现象。

羊肺线虫病

关键技术

诊断： 生前可根据流行病学资料和频繁咳嗽、消瘦、贫血等症状以及粪便检查发现第一期幼虫而确诊。死后剖检气管、支气管及细支气管内可发现数量不等的大、小肺线虫亦可做出诊断。

防治： 加强饲养管理和定期驱虫。每年春秋两季进行计划性驱虫。对粪便进行堆积发酵处理。羔羊与成年羊分群放牧、饲养，有条件的地区可实行轮牧。避免在低洼潮湿、沼泽地区放牧。常用驱虫药有左旋咪唑、丙硫苯咪唑等。

羊肺线虫病是由网尾科和原圆科的线虫寄生在气管、支气管、细支气管乃至肺实质，引起的以支气管炎和肺炎为主要症状的疾病。肺线虫病在我国分布广泛，是羊常见的蠕虫病之一。

网尾科线虫（主要是丝状网尾线虫，呈白色）虫体较大（雄虫长30～80毫米，雌虫长50～112毫米），为大型肺线虫，致病力强，是危害羊的主要寄生虫，在春乏季节常呈地方性流行，可造成羊群尤其是羔羊大批死亡；原圆科线虫虫体较小（长12～28毫米），为小型肺线虫，虫体纤细，危害相对较轻。多见于细支气管和肺泡内。

（一）诊断要点

1.流行特点　大型肺线虫与小型肺线虫的发育有所不同。网尾科线虫发育过程无中间宿主参与，属土源性发育；小型肺线虫在发育时需要中间宿主参加，属生物源性发育。

各种肺线虫的虫卵在呼吸道产出后，上行至咽部，利用宿主咳嗽时，经咽部进入消化道，在此过程中孵化出第一期幼虫，第一期幼虫随粪便排出体外。大型肺线虫的第一期幼虫在适宜的条件下经一周发育为感染性幼虫；小型肺线虫的第一期幼虫则需要钻入中间宿主（多种陆地螺或蛞蝓）体内发育为感染性幼虫。存在于外界草场、饲料或饮水中和中间宿主体内的大、小型肺线虫的感染性幼虫被终末宿主羊吞食后，幼虫进入肠系膜淋巴结，经淋巴液循环到达右心房，又随血流到达肺脏，虫体在此过程中经第四期、第五期幼虫的发育，最终在肺部各自的寄生部位发育为成虫。

2.症状　羊群遭受感染时，首先个别羊干咳，继而成群羊咳嗽，运动时和夜间咳嗽更为显著。此时呼吸声明显粗重，如拉风箱。在频繁而痛苦的咳嗽时，常咳出含有成虫、幼虫及虫卵的黏液团块。咳嗽时伴发罗音和呼吸促迫，鼻孔中排出脓性分泌物，干涸后形成鼻痂，从而使呼吸更加困难。病羊常打喷嚏，逐渐消瘦、贫血，头、胸及四肢水肿，被毛粗乱。通常羔羊发病症状严重，死亡率也高；成年羊感染或羔羊轻度感染时，症状表现较轻。单独感染小型肺线虫时，病情亦比较轻缓，只是在病情加剧或接近死亡时，才明显表现为呼吸困难，出现干咳或暴发性咳嗽。

3.病变　剖检病变主要表现在肺部，可见有不同程度的肺膨胀不全和肺气肿，肺脏表面隆起，呈灰白色，触摸时有坚硬感；支气管中有黏性或脓性混有血丝的分泌团块；气管、支气管及细支气管内可发现数量不等的大、小肺线虫。尸体消瘦，贫血。

（二）鉴别诊断

生前诊断可根据流行病学资料、临床症状和粪便检查，发现第一期幼虫而确诊。死后剖检气管、支气管及细支气管内可发现数量不等的大、小肺线虫亦可做出诊断。

实验室分离幼虫的方法很多，常用漏斗幼虫分离法。其方法是：取羊粪15～20克，放入带筛（40～60目）或垫有数层纱布的漏斗内，漏斗下方接一短橡皮管，末端以水止夹夹紧；漏斗内加入40℃温水至淹没粪球为止，静置1～3小时，此时幼虫游走于水中，并穿过筛孔或纱布网眼沉于橡皮管底部；接取橡皮管底部粪液，经沉淀后弃去上清液，取其沉渣制片镜检即可。

镜下幼虫的形态特征为：丝状网尾线虫的第一期幼虫虫体粗大，长0.50～0.54毫米，头端有一扣状突起，尾端钝圆，肠内有明显颗料，色较深。各种小型肺线虫的第一期幼虫较小，长0.3～0.4毫米，其头端无纽扣状突起，尾端或呈波浪状，或有一角质小刺，或有分节。

（三）防治措施

1.预防　预防本病的关键是加强饲养管理和定期驱虫。在本病流行地区，每年春秋两季（春季在2月，秋季在11月为宜）进行两次以上计划性驱虫。对粪便进行堆积发酵处理。羔羊与成年羊分群放牧、饲养，有条件的地区可实行轮牧。避免在低洼潮湿、沼泽地区放牧。冬季适当补饲，补饲期间每隔一天加喂硫化二苯胺（羔羊0.5克，成年羊1克），对预防丝状网尾线虫有效。

2.治疗　常用驱虫药物有以下几种。

（1）左旋咪唑：以每千克体重10毫克一次内服。

（2）丙硫苯咪唑：以每千克体重5～15毫克一次内服。

（3）氰乙酰肼（网尾素）：以每千克体重17毫克一次内服，连用3天；针剂可以每千克体重15毫克进行肌肉或皮下注射。

（4）乙胺嗪（海群生）：以每千克体重200毫克一次内服。该药适用于对早期幼虫的治疗。

羊脑脊髓丝虫病

关键技术

诊断： 本病在夏秋季节多发，病羊表现运动失调、肌肉痉挛等症状，在脑脊髓出现病变并发现虫体，用牛腹腔丝虫提纯抗原做皮内反应试验阳性即可确诊。

防治： 消灭蚊虫和定期驱虫。搞好环境卫生，消灭蚊虫及其滋生地。在本病流行季节对羊群定期使用海群生进行药物预防。不宜在牛圈附近养羊。治疗时应早期发现早期治疗。

羊脑脊髓丝虫病是由寄生于牛腹腔内的指形丝状线虫和唇乳突丝状线虫（又称"丝状线虫"）的幼虫迷路移行后，童虫寄生于羊的脑脊髓而引起的以脑脊髓炎和脑脊髓实质被破坏为特征的疾病。由于病羊腰部无力，走起路来摇摇摆摆，故又称为"摆腰病"。

（一）诊断要点

指形丝状线虫的晚期幼虫（童虫）为乳白色小线虫，长1.6～5.8厘米，体宽0.078～0.108毫米。其形态近似成虫。

1.流行特点 蚊虫既是中间宿主，又是本病惟一的传播者，当蚊子叮咬病牛时，微丝蚴即进入蚊子体内。经变态发育后，于再次叮咬时传播给绵羊或山羊。以后微丝蚴进入羊的腹腔内，部分可以到达脑及脊髓，破坏重要的中枢神经组织，使羊发病。该病的发生、流行与蚊虫的大量滋生有密切关系，特别是在牛多蚊多的地区，极易导致发病。发病多集中在每年的7～10月份，比当地的蚊虫活动晚一个月左右。成年羊比幼年羊多发。

2.症状 羊感染后多突然发病，主要表现运动失调，后躯无力，后肢不灵活，走路蹄尖拖地，摇摆，身体常歪向一侧，转弯、后退困难。严重时跌倒后不能起立，常呈犬坐姿势，前肢交叉，后肢开张，斜颈，眼球震颤等。有时可见突然四肢强直倒地，肌肉痉挛。一般病羊体温、脉搏、呼吸变化不大。只有重症病例出现呼吸困难，预后不良。

3.病变 脑脊髓的硬膜和蛛网膜有浆液性、纤维素性炎症和胶样浸润病灶及出血点。脑脊髓实质的病变主要在白质区，可引起大小不等的空洞、出血和化脓灶，并可发现虫体。

（二）鉴别诊断

根据流行特点、临床症状、病理变化和用牛腹腔丝虫提纯抗原作皮内反应试验阳性即可与有类似临床症状（运动失调、肌肉痉挛等）的其他疾病相鉴别。

（三）防治措施

1.**预防** 消灭蚊虫是预防本病的关键。搞好环境卫生，消灭蚊虫滋生地。在蚊虫飞翔季节经常使用灭蚊药物喷洒羊舍或用拟除虫菊酯类药物及松叶等进行烟熏灭蚊。不宜在牛圈附近养羊。在本病流行季节对羊群定期（3~4周一次）使用海群生进行药物预防。

2.**治疗** 治疗本病的关键是早期发现早期治疗。常用驱虫药物有以下几种。

（1）海群生（乙胺嗪）：按每千克体重10毫克，一天分2~3次内服，连用21天进行药物预防；也可以每千克体重20毫克剂量一天1次，连用6~8天注射或内服。

（2）酒石酸锑钾：按每千克体重8毫克配成4%溶液，一次静脉注射，隔天1次，共用3~4次。

羊螨病

关键技术

诊断： 病羊在嘴唇、口角、鼻面、眼圈、耳根以及背部、臀部和尾根等部位出现丘疹、脓包或皮肤增厚、变硬、脱毛等引起剧痒，刮取患部皮肤组织查找病原即可做出诊断。

防治： 采取综合防治措施，每年定期对羊群进行药浴；对新引进的羊应隔离检查；圈舍应经常保持干燥、通风，定期清扫和消毒；对患病羊要及时隔离治疗，皮下注射阿维菌素效果较好；治疗期间可应用0.1%蝇毒磷乳剂对环境消毒，以防散布病原。

羊螨病是由疥螨和痒螨寄生在体表而引起的慢性寄生性皮肤病。螨病又称"疥螨"、"疥虫病"、"疥疮"等，具有高度传染性，往往在短期内可引起羊群严重感染，危害十分严重。

（一）诊断要点

疥螨寄生于皮肤角化层下，并不断在皮内挖掘隧道，虫体在隧道内不断发育和繁殖。因虫体较小，肉眼不易看见；痒螨寄生在皮肤表面。虫体较大（长0.5~0.9毫米），呈长圆形，肉眼可见。

1.流行特点　本病的传播是由于健康家畜与患畜直接接触，或通过被螨及其卵所污染的厩舍、用具间接接触而引起感染。该病主要发生于冬季和秋末、春初。发病时，疥螨病一般始于皮肤柔软且毛短的部位，如嘴唇、口角、鼻面、眼圈及耳根部，以后皮肤炎症逐渐向周围蔓延；痒螨病则起始于被毛稠密和温度、湿度比较恒定的皮肤部位，如绵羊多发生于背部、臀部及尾根部，以后才向体侧蔓延。

2.症状　初发时，因虫体小刺、刚毛和分泌物的毒素刺激神经末梢，引起剧痒，可见病羊不断在围墙、柱栏等处摩擦；在阴雨天气、夜间、通风不好的圈舍以及随着病情的加重，痒觉表现更为剧烈；由于患羊的摩擦和啃咬，患部皮肤出现丘疹、结节、水疱，甚至脓包，以后形成痂皮和皲裂。绵羊患疥螨病时，因病变主要局限于头部，病变皮肤有如干涸的石灰，故有"石灰头"之称。绵羊感染痒螨后，可见患部有大片被毛脱落。发病后，患羊因终日啃咬和摩擦患部，烦躁不安，影响正常的采食和休息，日渐消瘦，最终因极度衰竭而死亡。

（二）鉴别诊断

在诊断时，根据临床症状及疾病流行情况，对可疑病羊刮取患部皮肤组织查找病原即可做出诊断。但应与下列疾病相鉴别：

1.湿疹　湿疹痒觉不剧烈，且不受环境、温度影响，无传染性，皮屑内无虫体。

2.秃毛癣　秃毛癣患部呈圆形或椭圆形，境界明显，其上覆盖的浅黄色干痂易剥落，痒觉不明显。镜检经10%氢氧化钾处理的毛根或皮屑，可发现癣菌的孢子或菌丝。

3.虱和毛虱　虱和毛虱所致的症状有时与螨病相似，但皮肤炎症、落屑及形成痂皮程度较轻，容易发现虱及虱卵，病料中找不到螨虫。

（三）防治措施

1.预防 预防本病的关键是采取综合防治措施，每年定期对羊群进行药浴。对新引进的羊应隔离检查，确定无螨寄生后再混群饲养；圈舍应经常保持干燥、通风，定期清扫和消毒；对患病羊要及时隔离治疗；治疗期间可应用0.1%蝇毒磷乳剂对环境消毒，以防散布病原。

2.治疗 治疗本病的关键是早发现早治疗，且坚持用药治疗，痊愈后再用药一个疗程，防止复发。治疗本病常用的给药方法有以下三种。

涂药疗法：适宜病羊少、患部面积小，特别适合在寒冷季节使用。涂药应分几次进行（每次涂药面积不得超过体表面积的1/3）。

药浴疗法：适用于病羊数量多及气候温暖的季节，常用于对螨病的预防和治疗。

注射疗法：适用于各种情况的螨病治疗，省时、省力，优于以上各种疗法。

涂擦药物之前，应先剪毛去痂，可用温肥皂水或2%来苏尔彻底洗刷患部，以除去痂皮，然后擦干患部后用药。药浴时间应选择在山羊抓绒、绵羊剪毛后5～7天进行；大规模药浴之前应对所选药物做小群完全试验；药液温度保持在36～38℃，并随时补充新药液；药浴时间1～2分钟，注意浸泡羊头；药浴前让羊饮足水，以防误饮药液。因大部分药物对螨卵无杀灭作用，无论治疗和药浴时必须重复用药2～3次，每次间隔7～8天为宜。

常用药物如下。

（1）阿维菌素：羊每千克体重0.2毫克，一次皮下注射。市售商品为含1%阿维菌素的注射液，则每50千克体重羊，只需注射1毫升。此外，本品也有粉剂，可供内服，渗透剂供外用（浇注），其效果与其他剂型完全一样。

（2）双甲脒：按每吨水加入12.5%双甲脒乳油4 000毫升，配成乳油水溶液，对羊药浴或涂擦体表。

（3）用于药浴的有机磷制剂有：0.05%辛硫磷乳液、0.015%～0.02%巴胺磷水乳液、0.05%蝇毒磷水乳液、0.025%螨净（二嗪农）水乳液、0.5%～1%敌百虫水溶液（应慎用）等等。

（4）用于药浴的拟除虫菊酯类杀虫剂有：0.005%溴氰菊酯水乳剂、0.006%氯氰菊酯水乳剂、0.008%～0.02%杀灭菊酯水乳剂等。

此外，过去也常使用0.025%林丹水乳剂，进行药浴，由于本药不易降解，长期在动、植物和环境中残留，所以目前很少应用。

硬蜱

诊断：在羊体表上发现褐色的从芝麻粒大到蓖麻子大小的硬蜱即可确诊。

防治：消灭畜体上、圈舍内和自然界中的硬蜱。用阿维菌素进行皮下注射或用马拉硫磷等药物进行药浴，消灭畜体上蜱；用灭蜱药物对圈舍缝隙喷撒或粉刷后，再用水泥、石灰或黄泥堵塞缝隙，以消灭圈舍内蜱；进行轮牧或烧荒，破坏蜱的滋生地。

硬蜱是硬蜱科多种蜱属蜱的简称，俗称"草爬子"、"草蜱"，是寄生于各种家畜和多种野生动物体表的吸血性外寄生虫。硬蜱除直接侵袭、危害畜体外，还是家畜各种梨形虫病和某些传染病的传播媒介。对羊危害十分严重。

（一）诊断要点

蜱的种类很多，其中与羊关系密切的包括6个属，即硬蜱属、璃眼蜱属、革蜱属、血蜱属、肩头蜱属和牛蜱属。其共同的形态特征是：无头、胸、腹之分，三者融合为一体。虫体呈长椭圆形，背腹扁平，雌雄异体。大小相差悬殊，未吸血的雌蜱和雄蜱如同芝麻粒大小，而饱血后的雌蜱大如蓖麻子。

1.流行特点 硬蜱的发育属不完全变态，其过程包括卵、幼虫、若虫和成虫四个阶段。硬蜱在吸血过程中交配，雌蜱饱血后从动物身上脱落在地面、墙缝等处产卵。卵呈圆形，黄褐色，一个雌蜱可产数千到上万个虫卵，产完后死亡。卵在外界适宜的条件下经2～3周或1个月以上孵出幼虫，经数天后爬到动物身上吸血，饱血后蜕化为若虫，若虫再次吸血，饱血后蜕化为成虫，完成整个发育阶段。

根据其发育过程和吸血方式，可将蜱分为三类，即：

（1）一宿主蜱：蜱的全部发育过程是在1个宿主体上完成的，除产卵期外均不离开宿主。如微小牛蜱。

（2）二宿主蜱：蜱在全部发育过程中需要更换1个宿主，即在饱血若虫落地蜕皮后再侵袭第二个宿主，直至发育为成虫再落地产卵。如残缘璃眼蜱。

（3）三宿主蜱：全部发育过程需要更换2个宿主，即幼虫侵袭一个宿主，经吸血发育后，落地蜕皮变为若虫。若虫再侵袭第二个宿主，吸血发育后落地变为成虫。成虫再侵袭第三个宿主，成虫吸血后落地产卵。

我国硬蜱科蜱的分布、出没时间随着各地的气候、地理、地貌等自然条件不同而不同，有的蜱种分布于深山草坡及丘陵地带，有的多分布于森林及草原，也有的栖息于草原和农区的家畜圈舍及停留处。一般成蜱在石块下或地面的缝隙内越冬。蜱的活动季节也随蜱种的不同而不同，如草原革蜱，在我国的北方2月末就可出现在畜体上；华北地区的长角血蜱，在3月底就开始侵袭羊体，一直到11月中旬才消失。

羊被蜱侵袭多发生于放牧采食过程中，寄生部位主要在被毛短少部位，特别是常密集于羊的耳壳内外侧、口周围和头面部，直至饱血后落地蜕化或产卵。

2.蜱的危害

（1）直接危害：蜱侵袭羊体后，由于吸血时口器刺入皮肤，可造成局部损伤，组织水肿、出血，皮肤肥厚。有的还可继发细菌感染，引起化脓、肿胀和蜂窝织炎等。当幼羊被大量蜱侵袭时，蜱唾液内的毒素进入机体后，破坏造血器官，溶解红细胞，形成恶性贫血，使血液有形成分急剧下降。此外，蜱唾液内的毒素作用有时还可使羊出现神经症状及麻痹，造成"蜱瘫痪"。

（2）间接危害：蜱可传播森林脑炎、莱姆病、布氏杆菌病、炭疽病、立克次氏体病等多种传染病。蜱也是各种家畜梨形虫病的必需宿主和传播媒介。

（二）防治措施

防治本病的关键是消灭畜体上、圈舍内和自然界中的蜱。

1.消灭畜体上的蜱

（1）人工捕捉：在饲养量少、人力充足的条件下，要经常检查羊的体表，发现蜱时应及时摘掉（摘除时应与体表垂直向上拔出，或用烟头烫起尾部，然后再将其拔出）并销毁。

（2）粉剂涂擦：可用3%马拉硫磷、2%害虫敌、5%西维因等粉剂，涂擦体表，羊剂量30克，在蜱活动的季节，每隔7～10天处理1次。

（3）药液喷涂：可使用1%马拉硫磷、0.2%辛硫磷、0.2%杀螟松、0.25%倍硫磷、0.2%害虫敌等乳剂喷涂畜体，剂量为羊每次200毫升，每隔3周处理1次。也可使用氟苯醚菊酯，剂量为每千克体重2毫克，一次背部浇注，2周后重复1次。

（4）药浴：可选用0.05%双甲脒、0.1%马拉硫磷、0.1%辛硫磷、0.05%毒死蜱、0.05%地亚农、1%西维因、0.002 5%溴氰菊酯、0.003%氟苯醚菊酯、0.006%氯氰菊酯等乳剂，对羊进行药浴。

此外也可试用阿维菌素进行皮下注射，剂量为每千克体重0.2毫克。

2.消灭圈舍内的蜱　有些蜱，如残缘璃眼蜱在圈舍的墙壁、地面、饲槽等缝隙中栖生，可先选用上述药物对缝隙喷撒或粉刷后，再用水泥、石灰或黄泥堵塞缝隙。必要时也可隔离、停用圈舍10个月以上或更长时间，使蜱自然灭亡。

3.消灭自然蜱　根据具体情况可采取轮牧，相隔1～2年，牧地上的成虫即可死亡。也可在严格监督下进行烧荒，破坏蜱的滋生地。有条件时，可选择上述有关杀虫剂的高浓度制剂或原液，进行超低量喷雾。国外还试用以遗传防治和生物防治的方法灭蜱。

羊鼻蝇蛆病

关键技术

诊断：病羊表现鼻炎症状，用驱虫药喷射鼻腔，有死亡的幼虫排出。死后剖检可在鼻腔、鼻窦或额窦内发现各期鼻蝇幼虫。

防治：消灭第一期幼虫。实施药物防治一般可选在每年的10～11月份进行。阿维菌素是目前治疗本病最理想的药物。

羊鼻蝇蛆病是由羊鼻蝇的幼虫寄生在羊的鼻腔及附近腔窦内所引起的疾病。在我国西北、东北、华北地区较为常见。羊鼻蝇主要危害绵羊，对山羊危害较轻。病羊表现为精神不安，消瘦，甚至发生死亡。

（一）诊断要点

羊鼻蝇形似蜜蜂，全身密生短毛，体长10～12毫米。其第一期幼虫呈淡黄色，长1毫米；第二期幼虫呈椭圆形，长20～25毫米，体表刺不明显；

第三期幼虫长约30毫米，背面拱起，其前端尖，有两个强大的黑色口前钩，虫体后端齐平，有两个黑色的后气孔。

1.流行特点 羊鼻蝇的发育需经幼虫、蛹及成虫三个阶段。成虫出现于每年的5～9月份，雌雄交配后，雄虫很快死亡，雌虫则于炎热的晴朗无风的白天活动，当遇到羊时，以急剧而突然的动作飞向羊鼻，将幼虫产在羊鼻孔内或羊鼻孔周围，雌虫在数天内产完幼虫后亦很快死亡。产出的第一期幼虫活动能力很强，爬入鼻腔后以其口前钩固着于鼻黏膜上，并逐渐向鼻腔深部移行，到达额窦或鼻窦内（有些幼虫还可以进入颅腔），经两次蜕化发育为第三期幼虫。幼虫在鼻腔内寄生9～10个月，到第二年春天，发育成熟的第三期幼虫由鼻腔深部向浅部返回移行，当患羊打喷嚏时，将其喷出鼻孔，三期幼虫即在土壤表层或羊粪内变蛹，蛹的外表形态与三期幼虫相同。蛹经1～2个月羽化为成虫。成虫寿命2～3周。

所以本病常于每年的夏季感染，春季发病明显。在温暖地区羊鼻蝇一年可繁殖两代，在寒冷地区每年繁殖一代。

2.症状 羊鼻蝇幼虫进入羊鼻腔、额窦及鼻窦后，在移行过程中，由于体表小刺和口前钩损伤黏膜引起鼻炎，可见鼻腔流出多量的鼻液，鼻液初为浆液性，后为黏液性和脓性，有时混有血液；当大量鼻液干涸在鼻孔周围形成硬痂时，使羊发生呼吸困难。

此外，病羊还表现不安，打喷嚏，时常摇头，摩鼻，眼睑浮肿，流泪，食欲减退，日渐消瘦。症状表现可因幼虫在鼻腔内的发育期不同而持续数月。通常感染不久呈急性表现，以后逐渐好转，到幼虫寄生的晚期，则疾病表现更为剧烈。有时，当个别幼虫进入颅腔损伤了脑膜或因鼻窦发炎而波及脑膜时，可引起神经症状，病羊表现为运动失调，旋转运动，头弯向一侧或发生麻痹；最后病羊食欲废绝，因极度衰竭而死亡。

3.病变 死后剖检可在鼻腔、鼻窦或额窦内发现各期幼虫。

（二）鉴别诊断

本病应与感冒及有神经症状的疾病（羊的莫尼茨绦虫病、羊多头蚴病）相区别。

1.感冒 羊感冒后除表现流鼻液、摩鼻、打喷嚏外，还有咳嗽、体温升高等症状。用驱虫药喷射鼻腔，没有死亡的幼虫排出。

2.羊莫尼茨绦虫病 粪便中有排出虫体的节片，亦可用饱和盐水漂浮法进行虫卵检查，死后剖检在小肠中发现数量不等的虫体。用驱虫药喷射鼻腔，无死亡的鼻蝇幼虫排出。

3.羊多头蚴病　病羊除表现一系列神经症状（如有异常运动、视力障碍）外，还有头部的局部变化（病变颅骨处，骨质松软、变薄，甚至穿孔，皮肤隆起），据此即可确诊。

（三）防治措施

防治本病的关键是消灭第一期幼虫。实施药物防治一般可选在每年的10～11月份进行。常用药物及治疗方法有以下几种：

1.敌百虫软膏　在成蝇飞翔季节，可用10%敌百虫软膏涂在羊鼻孔周围，有驱避成蝇和杀死幼虫的作用。

2.阿维菌素　以每千克体重0.2毫克，一次皮下注射。药效可维持20天，疗效高，是目前治疗羊鼻蝇蛆病最理想的药物。

3.敌百虫酒精溶液　精制敌百虫60克，溶于31毫升蒸馏水和31毫升95%酒精内。以每千克体重0.4毫克一次肌肉注射。50千克以上的羊用2.5毫升，对一期幼虫驱虫率达100%。

4.药物鼻腔内喷射　用0.1%～0.2%辛硫磷、0.03%～0.04%巴胺磷、0.012%氯氰菊酯水乳液，羊每侧鼻孔各10～15毫升，用注射器分别先后向鼻孔内喷射，两侧喷药间隔10～15分钟。对杀灭羊鼻蝇的早期幼虫有效。

羊梨形虫病

关键技术

　　诊断：本病常发于蜱猖狂活动的季节；病羊表现贫血、消瘦、高热稽留、结膜黄染；剖检胆囊肿大、淋巴结肿大，切面有黑灰色液体；镜检血液涂片有病原体；用贝尼尔进行诊断性治疗有特效。

　　防治：每年发病季节到来之前，对羊群用咪唑苯脲或贝尼尔（血虫净）进行预防注射，也可选用多种杀虫剂或人工进行灭蜱；注意做好购入或调出羊的检疫工作。对病羊用上述药物进行治疗。

羊梨形虫病是由泰勒科和巴贝斯科的各种梨形虫引起的血液原虫病。其中绵羊泰勒虫和绵羊巴贝斯虫是使绵羊和山羊致病的主要病原体；疾病由硬蜱吸血时传播。该病在我国甘肃、青海和四川等地均有发生，常造成羊大批死亡，危害严重。

（一）诊断要点

寄生在红细胞内的绵羊泰勒虫大多数呈圆形或卵圆形（约占80%），其次为杆状。一个红细胞内的虫体数可有1~4个，红细胞的染虫率一般低于2%。寄生于红细胞内的绵羊巴贝斯虫体有双梨子形、单梨子形、椭圆形或变形虫等各种形状，其中双梨子形占60%以上。其他形状的虫体较少。

1.流行特点 该病在我国四川、青海、甘肃等省均有发生。国内的多种牛蜱、扇头蜱等是羊的巴贝斯虫病的主要传播者；而璃眼蜱属和血蜱属的多种蜱为羊的泰勒虫病的主要传播者。本病的流行具有一定的季节性，与蜱的出没密切相关。在四川甘孜，本病每年发生于4~6月份和9~10月份。流行区以1~2岁羊发病最多，耐过的病羊为带虫者，不再重新发病。

2.症状 感染巴贝斯虫的病羊，体温升高至41~42℃，呈稽留热型，病初呼吸、脉搏加快，食欲废绝，可视黏膜充血、黄疸，血液稀薄。有的病例出现兴奋，无目的地狂跑，突然倒地死亡。

感染泰勒虫的病羊，体温升高到40~42℃，呈稽留热型，脉搏加快，呼吸急促，肺泡音粗厉，精神沉郁，喜卧，食欲减退，便秘或下痢。可视黏膜初期充血，继而苍白，轻度黄染，有小出血点。病羊消瘦，体表淋巴结肿大，有痛感，特别是肩前淋巴结肿大尤为明显。病程6~12天，急性病例常于1~2天内死亡。

3.病变 死于巴贝斯虫病的羊尸，可视黏膜及皮下组织充血、黄疸。心内外膜有出血点，肝脏、脾脏肿大，表面也有出血点。胆囊肿大2~3倍，充满胆汁，第二胃常塞满干硬的物质，尿液呈红色。

死于泰勒虫病的羊尸，外观消瘦，贫血。剖检变化主要以全身性出血，第四胃黏膜有溃疡斑，以肝脏、脾脏、淋巴结高度肿胀为特征，只是各病例的表现程度有所不同而已。

（二）防治措施

1.预防 在本病流行地区，于每年发病季节到来之前，对羊群用咪唑苯脲或贝尼尔（血虫净）进行预防注射，后者以每千克体重3毫克剂量配成7%溶液，深部肌肉注射，每20天1次，对预防泰勒虫病有效；也可选用多种杀虫剂或人工进行灭蜱；注意做好购入或调出羊的检疫工作。

2.治疗

（1）贝尼尔：按每千克体重7毫克剂量配成7%水溶液，做分点深部肌肉注射，每天1次，连用3天为一疗程。

（2）咪唑苯脲：以每千克体重1.5～2毫克，配成5%～10%水溶液，皮下或肌肉注射。间隔1天，再用药1次。

（3）磷酸伯氨喹啉：按每千克体重0.75毫克，每天灌服1剂，连服3剂。对泰勒虫病有特效。

（4）黄色素：按每千克体重3～4毫克，配成0.5%～1%水溶液，静脉注射，必要时24小时后重复注射1次。

（5）阿卡普林：按每千克体重2毫克，配成5%水溶液，皮下或肌肉注射。48小时后再注射1次。

（6）台盼蓝（锥蓝素）：按每千克体重2～4毫克，配成1%水溶液进行静脉注射，必要时第二天可重复用药一次，对大型羊巴贝斯虫病有效。

羊球虫病

关键技术

诊断：应用饱和盐水漂浮法检查新鲜羊粪，可发现大量球虫卵囊，同时结合临床症状（贫血，消瘦，下痢，排出黏液血便）和病理变化（肠黏膜上有淡白、黄色圆形或卵圆形结节，大小如粟粒到豌豆大），即可确诊。

防治：最好使用70～80℃以上的热碱水（3%）或火焰进行消毒；经常保持圈舍及周围环境的通风干燥；成年羊与幼羊分群饲养管理；饲料和饮水严禁被羊粪污染；在发病季节使用抗球虫药物预防。

羊球虫病是由艾美耳属的几种球虫，寄生于羊肠道引起的，以急性或慢性肠炎为特征的寄生虫病。临床上以羔羊最易感染，死亡率也高。

（一）诊断要点

寄生于绵羊和山羊的球虫，我国危害较严重的有浮氏艾美耳球虫、阿氏艾美耳球虫、错乱艾美耳球虫和雅氏艾美耳球虫。从新鲜粪便中分离出的卵囊多为椭圆形或卵圆形，黄褐色，在显微镜下才可看到。

1.流行特点 各品种的绵羊和山羊对球虫均有易感性。羔羊极易感染。成年羊一般都是带虫者。当羊吞食了大量的被感染性卵囊污染的饲草、饮水后，即可发病。流行季节多为春、夏、秋潮湿季节。冬季气温低，不利于卵囊发育，很少感染。

2.症状 成年羊多为带虫者，感染不发病。2～6月龄小羊容易发病。病情轻的出现软便（似牛粪样）；重症者发病初期体温升高，后下降。主要症状为急剧下痢，排出黏液血便，恶臭，并含有大量卵囊。病羊贫血，消瘦，食欲不振。一般发病后2～3周恢复，耐过羊可产生免疫力，不再感染发病。

3.病变 仅小肠有明显病变，肠道黏膜上有淡白、黄色圆形或卵圆形结节，大小如粟粒到豌豆大。十二指肠和回肠有卡他性炎症，有点状或带状出血。病羊尸体消瘦。

在诊断时，应用饱和盐水漂浮法检查新鲜羊粪，可发现大量球虫卵囊，同时结合临床症状和病理变化，即可确诊。

（二）防治措施

1.预防 羊球虫孢子化卵囊对外界的抵抗力很强，一般消毒药很难将其杀死。对圈舍和用具，最好使用70～80℃以上的热水或热碱水（3%）消毒，也可应用火焰进行消毒；经常保持圈舍及周围环境的通风干燥；成年羊是球虫的散播者，最好将成年羊与幼羊分群饲养管理；饲料和饮水严禁被羊粪污染；在发病季节提前使用抗球虫药物预防。

2.治疗

（1）氨丙林：以每日每千克体重145毫克混饲2～3周，对预防、治疗有效。

（2）磺胺二甲氧嘧啶：以每日每千克体重50～100毫克连服3～5天，对急性病例有效。

弓形虫病

关键技术

诊断：病羊出现流产或神经症状，肌肉僵硬，卧地不起，呼吸困难；剖检可见胎盘子叶肿胀，有白色坏死灶。

防治：做好畜舍卫生工作，定期消毒；饲草、饲料和饮水严禁被猫的排泄物污染；对羊的流产胎儿及其他排泄物要进行无害化处理；流产的场地亦应严格消毒；死于本病或怀疑为本病的畜尸，要严格处理，以防污染环境或被猫及其他动物吞食。对急性病例可应用磺胺类药物，与抗菌增效剂联合应用效果更好。

弓形虫病是由孢子虫纲的原生动物——龚地弓形虫所引起的一种人畜共患寄生虫病。

（一）诊断要点

1.流行特点 本病的中间宿主范围非常广泛，包括人及猪、绵羊、山羊、黄牛、水牛、马、鹿、兔、犬、猫、鼠等多种哺乳动物，此外，还可感染许多鸟类和一些冷血动物。终末宿主据目前所知仅为猫、豹和猞猁等一些猫科动物。病原除在中间宿主与终末宿主之间循环传递之外，更为重要的是可在中间宿主范围内相互进行水平传播。其感染途径包括经口、胎盘感染及通过宿主受损的皮肤、黏膜发生感染。

因此，本病在全世界广泛存在和流行。在我国，羊的弓形虫病亦不同程度地存在，不仅直接危害养羊业，而且对整个畜牧业的发展及人类的健康都构成一定的威胁。

2.症状 有亚急性感染和隐性感染两种。隐性感染主要是成年羊，一般没有特异的病状，但怀孕母羊多在正常分娩前4~6周流产，流产时常伴有胎衣不下，死胎和干尸化胎占一定比例。亚急性感染的羊主要表现为神经症状，数天后行走困难，肌肉僵硬，呼吸困难，体温略升高，然后卧地不起，一般持续2周左右，最后因呼吸极度困难而死亡。

3.病变 病变主要表现在胎盘的特征性病变，即胎盘子叶肿胀，绒毛呈暗红色，有1~2毫米的白色坏死灶。此外，中枢神经系统的非化脓性脑炎的病变也比较常见。

（二）防治措施

1.预防 预防本病的关键是做好畜舍卫生工作，定期消毒；饲草、饲料和饮水严禁被猫的排泄物污染；对羊的流产胎儿及其他排泄物要进行无害化处理；流产的场地亦应严格消毒；死于本病或怀疑为本病的畜尸，要严格处理，以防污染环境或被猫及其他动物吞食。

2.治疗 治疗本病的关键是对急性病例可应用磺胺类药物，与抗菌增效剂联合应用效果更好。但此药通常不能杀灭包囊内的慢殖子。

（1）磺胺嘧啶+甲氧苄胺嘧啶：前者每千克体重70毫克，后者每千克体重14毫克，每天口服2次，连用3～4天。

（2）磺胺甲氧吡嗪+甲氧苄胺嘧啶：前者每千克体重30毫克，后者每千克体重10毫克，每天口服1次，连用3～4天。

（3）磺胺6甲氧嘧啶：每千克体重60～100毫克；或配合甲氧苄胺嘧啶（每千克体重14毫克），每天口服1次，连用4次。可迅速改善临床症状，并有效地阻止速殖子在体内形成包囊。

五、羊的主要普通病

口炎

关键技术

　　诊断：病羊表现采食、咀嚼障碍，流涎，口腔黏膜充血、肿胀，或有水疱、溃疡。

　　防治：加强饲养管理，防止化学、机械及草料内异物对口腔的损伤；提高羔羊饲料品质，饲喂富含维生素的柔软饲料；不要喂给发霉腐烂的草料，饲槽应经常使用2%的碱水消毒。对患病羊用利凡诺、明矾等溶液冲洗口腔，或涂擦抗生素药膏。

　　口炎是羊的口腔黏膜表层和深层组织的炎症，在饲养管理不良的情况下容易发生。按其炎症的性质，又可分为卡他性口炎、水泡性口炎和溃疡性口炎等。病的初期都具有卡他性口炎的病理现象，如采食、咀嚼障碍，流涎等。

（一）诊断要点

1.病因　原发性口炎多因吃了粗糙和尖锐的饲料或异物，以及误食了高浓度的刺激性药物、有毒植物、霉败饲料或维生素缺乏等原因所致。继发性口炎多发生于某些传染病，如口蹄疫、羊痘、羊口疮和霉菌感染等。

2.症状 病羊食欲减少，流涎，咀嚼缓慢，欲吃而不敢吃，当继发细菌感染时有口臭。卡他性口炎，表现口腔黏膜发红、充血、肿胀、疼痛，特别在唇内、齿龈、颊部明显；水疱性口炎，在上下唇内有很多大小不等的充满透明或黄色液体的水疱；溃疡性口炎，在黏膜上有溃疡性病灶，口内恶臭，体温升高。上述各类型口炎可单独出现，也可相继或交错发生。在临床上以卡他性口炎较为多见。

（二）鉴别诊断

原发性单纯性口炎，根据病性和口腔黏膜炎症变化易于诊断。但应注意与口蹄疫、羊痘等相鉴别。患口蹄疫时，除口腔黏膜发生水疱及烂斑外，蹄部及皮肤也有类似病变；患羊痘时，除口腔黏膜有典型的痘疹外，在乳房、眼角、头部、腹下皮肤处也有痘诊。

（二）防治措施

1.预防 预防本病的关键是在于加强饲养管理。防止化学、机械及草料内异物对口腔的损伤；提高羔羊饲料品质，饲喂富含维生素的柔软饲料；不要喂给发霉腐烂的草料，饲槽应经常使用2%的碱水消毒。

2.治疗 轻度口炎可用0.1%利凡诺溶液或0.1%高锰酸钾溶液冲洗，亦可用20%盐水冲洗；发生糜烂及渗出时，用2%明矾溶液冲洗；口腔黏膜有溃疡时，可用碘甘油、5%碘酊、龙胆紫溶液、磺胺软膏、四环素软膏等涂擦患部；如继发细菌感染，病羊体温升高时，用青霉素40万～80万单位、链霉素100万单位，肌肉注射，每天2次，连用3～5天；也可服用或注射磺胺类药物。

中药可用青黛散（青黛9克、黄连6克、薄荷3克、桔梗6克、儿茶6克研为细末）或冰硼散，装入长形布袋内口衔或直接撒布于口腔，效果也很好。

对于口炎并发肺炎时，可用下列中药方以清肺热：花粉、黄芩、枝子、连翘各30克，黄柏、牛蒡子、木通各15克，大黄24克，芒硝60克，将前八种药共研为末，加入芒硝，用开水冲开，候温，供10只羔羊灌服。

食道阻塞

关键技术

　　诊断：根据突然发生吞咽困难的病史，结合临床检查和食道外部触诊，胸部食道阻塞，应用胃管探诊或用 X 射线透视，即可确定阻塞部位。

　　防治：平时应严格遵守饲养管理制度，避免羊只过于饥饿，发生饥不择食和采食过急的现象，饲养中注意补充各种无机盐，以防异食癖。经常清理牧场及圈舍周围的废弃杂物。发病后及时采取开口取物法、胃管探送法、砸碎法或手术治疗等方法进行治疗。

　　食道阻塞是羊食道被草料或异物突然阻塞所致。该病的特征是病羊表现咽下困难和痛苦不安。

（一）诊断要点

　　1.病因　引起食道阻塞的病因有原发性和继发性两种。原发性食道阻塞，主要是由于羊采食马铃薯、甘薯、萝卜等块根饲料时，吞咽过急；或因采食大块豆饼、花生饼、玉米棒以及谷草、稻草、青干草等，未经充分咀嚼，急忙吞咽而引起。继发性食道阻塞，常见于食道麻痹、狭窄和扩张。也可由于中枢神经兴奋性增高，发生食管痉挛，采食中引起食道阻塞。

　　2.症状　发病后，患羊突然停止采食，神情紧张，骚动不安，头颈伸展，呈现吞咽动作，张口伸舌，大量流涎，甚至从鼻孔流出，并因食道和颈部肌肉收缩，引起反射性咳嗽，可从口、鼻流出大量唾液，呼吸急促。这种症状可暂时缓和，但仍可反复发作。

　　由于阻塞物性状及其阻塞部位不同，临床症状也有所区别。一般来说，完全阻塞，采食、饮水完全停止，表现空嚼和吞咽动作，不断流涎；上部食道阻塞，流涎并有大量白色唾沫附着唇边和鼻孔周围，吞咽的食糜和唾液有时由鼻孔逆出；若下部食道发生阻塞时，咽下的唾液先蓄积在上部食道内，颈左侧食道沟呈圆筒状隆起，触压可引起哽噎动作。食道完全阻塞时，不能进行嗳气和反刍，可迅速发生瘤胃膨胀，呼吸困难。不完全阻塞时尚能饮水，无瘤胃膨胀现象。

（二）鉴别诊断

食道完全阻塞和不完全阻塞，使用胃管探诊可确定阻塞物的部位。完全阻塞时，水及唾液不能下咽，从鼻孔、口腔流出，在阻塞物上方部位有液体聚积，触诊有波动感；不完全阻塞时，液体可通过食道，而食物不能下咽。食道阻塞时，如鼻腔分泌物被吸入气管时，可发生异物性气管炎和异物性肺炎。

另外，在诊断时，还应注意与咽炎、急性瘤胃膨气、口腔和牙齿疾病、食道痉挛、食道扩张等疾病相区别。

（三）防治措施

1.预防　平时应严格遵守饲养管理制度，避免羊只过于饥饿，发生饥不择食和采食过急的现象，饲养中注意补充各种无机盐，以防异食癖。经常清理牧场及圈舍周围的废弃杂物。

2.治疗

（1）开口取物法：阻塞物塞于咽或咽后时，可装上开口器，保定好病畜，用手直接掏取或用铁丝圈套取。

（2）胃管探送法：阻塞物在贲门口附近时，可先将2%普鲁卡因溶液5毫升、石蜡油30毫升混合，用胃管送至阻塞物部位，然后再用硬质胃管推送阻塞物进入瘤胃。

（3）砸碎法：当阻塞物易碎、表面圆滑且阻塞于颈部食道时，可在阻塞物两侧垫上布鞋底，将一侧固定，在另一侧用木锤敲击，使其破碎，咽入瘤胃。

（4）手术治疗：当以上各种疗法均不能奏效时，可用手术疗法，将食道切开，取出阻塞物。

当继发瘤胃膨气，可在左侧肷部进行瘤胃穿刺放气。

前胃弛缓

关键技术

诊断：有饲料单纯且突然更换、饲料变质或缺乏矿物质和维生素的饲养史，病羊表现食欲减少或废绝，反刍和瘤胃蠕动次数减少或消失，有时瘤胃臌气，或便秘与腹泻交替出现等消化障碍，即可做出诊断。

防治：加强饲养管理，注意饲料的配合，给予易消化的饲料，切勿突然改变饲料。避免各种应激因素的刺激。及时治疗继发本病的其他疾病。对于病羊采用缓泻、止酵、兴奋瘤胃蠕动的药物进行治疗。

前胃弛缓是由各种原因导致的前胃兴奋性降低、收缩力减弱，瘤胃内容物运转缓慢，菌群失调，产生大量腐解和酵解的有毒物质，引起消化障碍，食欲、反刍减退以及全身机能紊乱现象的一种疾病。本病在冬末、春初饲料缺乏时最为常见。

（一）诊断要点

1.病因 病因比较复杂，一般可分为原发性和继发性两种。

（1）原发性前胃弛缓：亦称为单纯性消化不良，其病因与饲养管理和自然气候的变化有关。

饲料过于单纯：长期饲喂粗纤维多、营养成分少的饲草，消化机能陷于单调和贫乏，一旦变换饲料，即引起消化不良；草料质量低劣；冬末、春初因饲草饲料缺乏，常饲喂一些粗硬、刺激性强、难于消化的饲料，也可导致前胃弛缓。

饲料变质：受过热的青饲料、冻结的块根、霉败的酒糟以及豆饼、花生饼等，都易导致消化障碍而发生本病。

矿物质和维生素缺乏：特别是缺钙，引起低血钙症，影响到神经体液调节机能，为本病主要致病因素之一。

另外，饲养失宜、管理不当、应激反应等因素，也可导致本病的发生。

（2）继发性前胃弛缓：当羊患有瘤胃积食、瘤胃臌气、胃肠炎和其他多种内科、产科和某些寄生虫病时，也可继发前胃弛缓。

2.症状 前胃弛缓按其病情发展过程，可分为急性和慢性两种类型。

（1）急性前胃弛缓：表现食欲废绝，反刍和瘤胃蠕动次数减少或消失，瘤胃内容物腐败发酵，产生多量气体，左腹增大，叩诊和触诊不坚实。

（2）慢性前胃弛缓：病羊表现精神沉郁，倦怠无力，喜卧地；被毛粗乱，体温、呼吸、脉搏无变化，食欲减退，反刍缓慢；瘤胃蠕动力量减弱，次数减少。有时便秘与下痢交替发生，便中常有未消化的饲料颗粒。若为继发性的前胃弛缓，常伴有原发病的特征性症状，在诊断时应加以区别。

3.病变　原发性前胃弛缓，病情轻，很少死亡。重剧病例，发生自体中毒和脱水时，多数死亡。主要病理变化，瘤胃和瓣胃胀满，皱胃下垂，其中瓣胃容积可增大3倍，内容物干燥，可捻成粉末状；瓣叶间内容物干涸，形同胶合板状，其上覆盖脱落上皮及成块的瓣叶。瘤胃和瓣胃黏膜潮红，有出血斑，瓣叶组织坏死、溃疡和穿孔。有的病例有局限性或弥漫性腹膜炎以及全身败血症等病变。

在诊断时，可根据病因、症状等进行综合判定。另外，测定瘤胃内容物性状变化，可作为诊疗之依据。瘤胃液pH值降至5.5以下，纤毛虫数量减少、活力降低，纤维素消耗试验时间延长，瘤胃液沉淀活性试验时间延长。

（二）鉴别诊断

本病应与创伤性网胃腹膜炎和瘤胃积食相鉴别。创伤性网胃腹膜炎时，泌乳量下降，姿势异常，体温升高，触诊网胃区腹壁有疼痛反应。瘤胃积食，瘤胃内容物充满、坚硬。

（三）防治措施

1.预防　加强饲养管理，注意饲料的配合，防止长期饲喂过硬、难消化或单一劣质的饲料，对可口的精料要限制给量，切勿突然改变饲料或饲喂方式与顺序。应给予充足的饮水，并创造条件供给温水。防止过劳或运动不足，避免各种应激因素的刺激。及时治疗继发本病的其他疾病。

2.治疗　治疗本病关键是消除病因，同时采用缓泻、止酵、兴奋瘤胃蠕动的药物进行治疗。

病初先禁食1~2天，每天人工按摩瘤胃数次，每次10~20分钟，并给予少量易消化的多汁饲料。当瘤胃内容物过多时，可投服缓泻剂，常内服石蜡油100~200毫升或硫酸镁20~30克等。

10%氯化钠20毫升、生理盐水100毫升、10%氯化钙10毫升，混合后一次静脉注射。

酵母粉10克、红糖10克、酒精10毫升、陈皮酊5毫升，混合加水适量灌服。

可内服吐酒石0.2～0.5克，番木鳖酊1～3毫升等前胃兴奋剂。

灌服碳酸氢钠10～15克，可防止酸中毒。

大蒜酊20毫升、龙胆末10克、豆蔻酊10毫升，加水适量，一次口服。

瘤胃积食

关键技术

诊断：根据发生原因，过食后发病，瘤胃内容物充满且硬实，食欲不振，反刍停止等特征，可以确诊。

防治：加强饲养管理，避免大量给予纤维干硬而不易消化的饲料，对可口喜吃的精料要限制给量；冬季由放牧转为舍饲时，应给予充足的饮水，并应创造条件供给温水，尤其是饱食以后不要给大量冷水。治疗原则以排出瘤胃内容物为主，辅以止酵防腐，消导下泻，纠正酸中毒和健胃补充体液。

羊瘤胃积食是瘤胃内充满过量的饲料，致使瘤胃容积扩大，胃壁过度伸张，食物滞留于胃内的严重消化不良性疾病，多在夏收及秋收时节发病。该病临床特征为反刍、嗳气停止，瘤胃坚实，腹痛，瘤胃蠕动极弱或消失。

（一）诊断要点

1.病因 主要是采食过量的粗硬易膨胀的干性饲料（如大豆、豌豆、麸皮、玉米和霉败性饲料等）而引起。加之在饮水不足，缺乏运动的情况下极易发病，也可继发于前胃弛缓，真胃炎、瓣胃阻塞、创伤性网胃炎、腹膜炎、真胃阻塞等也可导致该病的发生。

2.症状 症状表现程度因病因及胃内容物分解毒物被吸收的多少而不同。病羊精神沉郁，食欲不振，反刍停止。病初不断嗳气，随后嗳气停止，腹痛摇尾，弓背，回头顾腹，呻吟哞叫。病羊鼻镜干燥，耳根发凉，口出臭气，有时腹痛，用后肢踢腹，排粪量少而干黑；听诊瘤胃蠕动音减弱或消失；触诊瘤胃胀满、坚实，似面团感觉，指压有压痕。呼吸迫促，脉搏增数，黏膜呈深紫色。

当过食引起瘤胃积食发生酸中毒和胃炎时，病羊精神极度沉郁，瘤胃壁松软，内有积液，手拍击有拍水感；病羊卧地，腹部紧张性降低，有的可能表现视觉扰乱，盲目运动。全身症状加剧时，可呈现昏迷状态。

（二）鉴别诊断

瘤胃积食根据发生原因，过食后发病，瘤胃内容物充满且硬实，食欲不振，反刍停止等特征，可以确诊。但应注意与下列疾病相鉴别。

1.前胃弛缓　食欲、反刍减退，瘤胃内容物呈粥状，不断嗳气，并呈现瘤胃间歇性臌胀。

2.急性瘤胃臌胀　病程发展急剧，腹部显著膨胀，瘤胃壁紧张而有弹性，叩诊呈鼓音，血液循环障碍，呼吸困难。

3.创伤性网胃炎　网胃区疼痛，姿势异常，神情忧郁，头颈伸张，不愿运动，呈周期性瘤胃臌胀，应用副交感神经兴奋药物，其病情显著恶化。

4.皱胃阻塞　瘤胃积液，叩诊呈粥状。右下腹部显著臌隆，皱胃冲击性触诊，腰旁窝听诊结合叩诊，呈现叩击钢管的铿锵音。

（三）防治措施

1.预防　预防本病的关键是加强饲养管理，避免大量给予纤维多、干硬而不易消化的饲料，对可口喜吃的精料要限制给量；冬季由放牧转为舍饲时，应给予充足的饮水，并应创造条件供给温水，尤其是饱食以后不要给大量冷水。

2.治疗　治疗原则以排出瘤胃内容物为主，辅以止酵防腐，消导下泻，纠正酸中毒和健胃补充体液。

消导下泻，内服硫酸镁或硫酸钠，剂量，成年羊50～80克（配成8%～10%溶液），一次内服，或石蜡油100～200毫升，一次内服。

纠正酸中毒，可用5%碳酸氢钠100毫升灌入输液瓶，另加5%葡萄糖200毫升，静脉一次滴注；或用11.2%乳酸钠30毫升，静脉注射。为防止酸中毒继续恶化，可用2%石灰水洗胃。

强心补液对症治疗，心脏衰弱时，可用10%樟脑磺酸钠或0.5%樟脑水4～6毫升，一次皮下或肌肉注射；呼吸系统和血液循环系统衰竭时，可用尼可刹米注射液2毫升，肌肉注射。

用手或鞋底按摩左肷窝部，刺激瘤胃收缩，促进反刍，然后用臭椿树根（去皮）或木棍穿咸菜疙瘩"横衔嘴里"，两头拴于耳朵上，并适当牵遛，有促进反刍之功效。

液体石蜡200毫升，番木鳖酊7克、陈皮酊10克、芳香氨醑10克，加水200毫升，灌服。

人工盐50克、大黄末10克、龙胆末10克、复方维生素B50片，一次灌服。10%高渗盐水40~60毫升，一次静脉注射。甲基硫酸新斯的明1~2毫克肌肉注射。吐酒石（酒石酸锑钾）0.5~0.8克、龙胆酊20克，加水200毫升，一次灌服。

陈皮10克、枳壳6克、枳实6克、神曲10克、厚朴6克、山楂10克、萝卜子10克、水煎取汁，制成健胃散，灌服。

也可试用中药大黄12克、芒硝30克、枳壳9克、厚朴12克、玉片1.5克、香附子9克、陈皮6克、千金子9克、青皮9克、木香3克、二丑12克，煎水制成大承气汤，一次灌服。

对种羊若推断药物治疗效果较差，宜迅速进行瘤胃切开抢救。

急性瘤胃臌气

关键技术

　　诊断：羊采食了大量易发酵的饲料而发病，病情急剧，腹部膨胀，左侧腰窝突出，叩诊呈鼓音，呼吸极度困难。

　　防治：行穿刺放气或以胃管放气，同时进行止酵防腐、清理胃肠，灌服来苏尔或福尔马林溶液。

　　急性瘤胃臌气，是因羊前胃神经反应性降低，收缩力减弱，采食了容易发酵的饲料，在瘤胃内菌群作用下，异常发酵，产生大量气体，引起瘤胃和网胃急剧膨胀，膈与胸腔脏器受到压迫，呼吸与血液循环障碍，甚至发生窒息现象的一种疾病。本病多发于春末夏初放牧的羊群。

（一）诊断要点

1.病因　主要是采食大量容易发酵的饲料而致病，如幼嫩的豆苗、麦草、紫花苜蓿等，或者饲喂大量的白菜叶、胡萝卜、过多的精料及采食霜冻饲料、酒糟或霉败变质的饲料，都可引发本病；秋季绵羊易发生肠毒血症，也可出现急性瘤胃臌气；每年剪毛季节若发生肠扭转也可致瘤胃臌气。另外，本病可继发于食道阻塞、食道麻痹、前胃弛缓、瓣胃阻塞、慢性腹膜炎及某些中毒性疾病等。

2.症状 一般呈急性发作，初期病羊表现不安，回顾腹部，拱背伸腰、努责、呻吟、疼痛不安。反刍、嗳气减少或停止，食欲减退或废绝。发病后很快出现腹围增大，左肷部显著隆起。触诊腹部紧张性增加，叩诊呈鼓音；听诊瘤胃蠕动音初增强，后减弱或消失。黏膜发绀，心率较快而弱，呼吸困难，严重者张口呼吸。时间久后会导致羊虚弱无力，四肢颤抖，站立不稳，不久昏迷倒地、呻吟、痉挛，因胃破裂、窒息或心脏衰竭而死亡。

3.病变 死后立即剖检的病例，瘤胃壁过度扩张，充满大量气体及含有泡沫的内容物。死后数小时剖检，瘤胃内容物无泡沫，间或有瘤胃或膈肌破裂。瘤胃腹囊黏膜有出血斑，甚至黏膜下淤血，角化上皮脱落。肺脏充血，肝脏和脾脏被压迫呈贫血状态，浆膜下出血等。

（二）鉴别诊断

本病应与前胃弛缓、瘤胃积食、创伤性网胃腹膜炎、食管阻塞、白苏中毒和破伤风等疾病相鉴别。

（三）防治措施

1.预防 预防本病的关键是加强饲养管理，增强前胃神经反应性，促进消化机能。防止羊采食过多的豆科牧草，不喂霉烂或易发酵的饲料，不喂露水草，少喂难以消化和易臌胀的饲料。

2.治疗 治疗本病的关键是进行穿刺放气或以胃管放气，同时进行止酵防腐、清理胃肠。

（1）对初发病例或病情较轻者：可立即单独灌服来苏尔2.5毫升或福尔马林1～3毫升；或石蜡油100毫升、鱼石脂2克、酒精10毫升，加水适量，一次灌服；或氧化镁30克，加水300毫升，灌服；也可用大蒜200克捣碎后加食用油150毫升，一次灌服。

（2）对病情严重者：应迅速施行瘤胃穿刺术。首先在左侧隆起最高处剪毛消毒，然后将套管针或16号针头由后上方向下方朝向对侧（右侧）肘部刺入，使瘤胃内气体慢慢放出，在放气过程中要紧压腹壁，使之与瘤胃壁紧贴，边放气边下压，以防胃液漏入腹腔内而引起腹膜炎。气体停止大量排出时，向瘤胃内注入来苏尔（煤酚皂液）。

放牧过程中，发现羊发病时，可把臭椿、山桃、山楂、柳树等枝条衔在羊口内，将羊头抬起，利用咀嚼枝条以咽下唾液，促进嗳气发生，排出瘤胃内的气体。也可用中药疗法：干姜6克、陈皮9克、香附9克、肉豆蔻3克、砂仁3克、木香3克、神曲6克、萝卜子3克、麦芽6克、山楂6克水煎，去渣后灌服。

瓣胃阻塞

关键技术

诊断：羊瓣胃蠕动音低沉或消失，触诊瓣胃敏感性增高，叩诊浊音区扩大，粪便细腻，纤维素少、黏液多等，结合瓣胃穿刺有阻力，即可确诊。

防治：避免长期应用麸糠及混有泥沙的饲料，适当减少坚硬的粗纤维饲料；对病羊应软化瓣胃内容物，同时兴奋前胃运动机能，促进胃肠内容物排出。用瓣胃注射疗法对顽固性瓣胃阻塞疗效显著。

瓣胃阻塞是由于羊瓣胃的收缩力减弱，食物通过瓣胃时积聚，不能后移，充满叶瓣之间，水分被吸收，内容物变干而致病。瓣胃坚硬，不排粪。

（一）诊断要点

1.病因　由于饮水失宜和饲喂秕糠、粗纤维饲料而引起；或因饲料和饮水中混有过多的泥沙，使泥沙混入食糜，沉积于瓣叶之间而发病。前胃弛缓、瘤胃积食、真胃阻塞、瓣胃和真胃与腹膜粘连可继发瓣胃阻塞。

2.症状　具有前胃弛缓的一般症状。主要特征为排粪减少，粪便干硬，色黑，似算盘珠状，粪球表面富有黏液，粪球切面颜色深浅不均、分层排列。病至后期，排粪完全停止。瘤胃轻度臌气，瓣胃蠕动音减弱或消失。触诊右侧腹壁瓣胃区，有痛感。严重者可在肋弓后腹部触及圆形的瓣胃。叩诊瓣胃，浊音区扩大。用15~18厘米长穿刺针进行瓣胃穿刺有阻力，感觉不到瓣胃的收缩运动。直肠检查，直肠空虚，有黏液，并有少量暗褐色粪块附着于直肠壁。食欲及反刍减少或消失，鼻镜干裂。病至后期，全身症状恶化，体温升高达40℃以上，终因自体中毒，衰竭而死。

3.病变 瓣胃内容物充满、坚硬，其容积增大1~3倍。重剧病例，瓣胃邻近的腹膜及内脏器官，多具有局限性或弥漫性的炎性变化。瓣叶间内容物干涸，形同纸板，可捻成粉末状。瓣叶上皮脱落，有溃疡、坏死灶或穿孔。此外，肝脏、脾脏、心脏、肾脏，以及胃肠等部分，具有不同程度的炎性病理变化。

（二）鉴别诊断

瓣胃阻塞多与前胃其他疾病和皱胃疾病的病症互相掩映，颇为类似，临床诊断有时困难。虽然如此，也可据病史，临床病症，瓣胃蠕动音低沉或消失，触诊瓣胃敏感性增高，叩诊浊音区扩大，粪便细腻，纤维素少、黏液多等，结合瓣胃穿刺做出诊断。必要时可进行剖腹探诊，可以确诊。还应注意与前胃弛缓、瘤胃积食、创伤性网胃腹膜炎、皱胃阻塞、肠便秘以及可伴发本病的某些急性热性病进行鉴别诊断，以免误诊。

（三）防治措施

1.预防 注意避免长期应用麸糠及混有泥沙的饲料喂养，适当减少坚硬的粗纤维饲料，注意补充矿物质饲料，供给充足清洁的饮水，正确管理，防止过劳和缺乏运动。发生前胃弛缓时，应及早治疗，以防止发生本病。

2.治疗 应以软化瓣胃内容物为主，辅以兴奋前胃运动机能，促进胃肠内容物排出。瓣胃注射疗法对顽固性瓣胃阻塞疗效显著。方法是准备25%硫酸镁溶液30~40毫升，石蜡油100毫升。在右侧第九肋间隙和肩关节水平线交界下方2厘米处，选用12号7厘米长针头，向对侧肩关节方向刺入4厘米深，当针刺入后，可先注入20毫升生理盐水，试其有较大压力时，表明针已刺入瓣胃，再将上述准备好的药液交替注入，于第二天可重复注射1次。

瓣胃注射后，再对病畜输液。可用10%氯化钠液50~100毫升、10%氯化钙10毫升、5%葡萄糖生理盐水150~300毫升混合静脉注射。待瓣胃松软后，可皮下注射0.1%氨甲酰胆碱0.2~0.3毫升。

灌服中药健胃、止酵剂，通便、润燥及清热，效果良好。可选用大黄9克、枳壳6克、二丑9克、玉片3克、当归12克、白芍2.5克、番泻叶6克、千金子3克、山枝2克，煎水灌服；或用大黄末15克、人工盐25克、清油100毫升，加水300毫升灌服。

创伤性网胃及心包炎

关键技术

诊断：根据姿态与运动异常，顽固性前胃弛缓，逐渐消瘦，网胃区触诊与疼痛实验，血相变化以及长期治疗不见效果；应用金属异物探测器检查，可获得阳性结果。或用X射线透视或摄影，即可做出诊断。

防治：注意对饲草、饲料及草场中金属异物的清除，建立定期检查和预防制度，瘤胃中投放磁铁块并定期取出清除吸附其上的金属异物，严禁在牧场及饲料加工存放场地附近堆放铁器。对病羊可进行瘤胃切开取出金属异物。

创伤性网胃及心包炎，是由于金属异物（针、钉、碎铁丝）混杂在饲料内，被采食吞咽落入网胃，导致急性或慢性前胃弛缓，瘤胃反复臌胀，消化不良，并因穿透网胃刺伤心包，继发创伤性心包炎。

（一）诊断要点

1.病因 主要是由于混入饲料内的钢丝、缝针、注射针头、铁钉、大头针、铁片等尖锐物被羊误食，进入网胃以后，因网胃的收缩，使异物刺破胃壁所致。如果异物较长，往往可穿透横膈膜，刺伤心包，引起创伤性心包炎，或累及脾脏、肝脏、肺脏等，进而引起各部的化脓性炎症。

2.症状 一般发病较缓，初期无明显变化，日久则表现精神不振，食欲、反刍减少，瘤胃蠕动减弱或停止，并常出现反刍性臌气。病情较重时患羊行动小心，常有拱背、呻吟等疼痛表现。用手顶压网胃区或用拳头顶压剑状软骨左后方时，病羊表现有疼痛、躲闪。站立时，肘关节张开，起立时，先起前肢。体温一般正常，但有时升高。

当发生创伤性心包炎时，病羊全身症状加剧，体温升高，心跳明显加快，颈静脉怒张，颌下、胸前水肿。叩诊心区扩大，有疼痛感。听诊心音减弱，浑浊不清，常出现摩擦音及拍水音。病后期常导致腹膜粘连，心包化脓和脓毒败血症。

血相检查，白细胞总数增多，其中嗜中性白细胞增至45%～70%，淋巴细胞减少为30%～45%，核型左移。结合病情分析，具有实际临床诊断意义。

3.病变　病理变化依金属异物的性状而异。一部分病例只引起创伤性网胃炎，特别是铁钉或销钉，可使胃壁深组织损伤，局部增厚，发生化脓，形成瘘管或瘢痕。也有一部分病例，网胃与膈粘连，或胃壁局部结缔组织增生，其中埋藏铁钉或销钉，并形成干酪腔或脓腔。心脏受损害时，心包中充满大量纤维蛋白性渗出液；也可能发生肺炎、肺脓肿、肺与胸膜粘连等病理解剖学变化。

由于本病临床特征不突出，一般病例，都具有顽固性消化机能紊乱现象，容易与胃肠道其他疾病混淆。惟有反复临床检查，结合病史予以综合判定，才能确诊。

（二）鉴别诊断

本病的诊断应根据饲养管理情况，结合病情发展过程进行。姿态与运动异常，顽固性前胃弛缓，逐渐消瘦，网胃区触诊与疼痛实验，血相变化（白细胞总数增多，嗜中性白细胞与淋巴细胞比例倒置）以及长期治疗不见效果，是本病的基本特征。应用金属异物探测器检查，可获得阳性结果。有条件时可应用X射线透视或摄影，也可获得正确诊断印象。

在临诊时，必须注意同前胃弛缓、慢性瘤胃臌胀、皱胃溃疡等所引起的消化机能障碍、肠套叠和子宫扭转等所导致的剧烈腹痛症状，创伤性心包炎、吸入性肺炎等所呈现的呼吸系统症状相比较，进行鉴别诊断，以免误诊。

（三）防治措施

1.预防　预防本病的关键是注意对饲草、饲料及草场中金属异物的清除，建立定期检查和预防制度，瘤胃中投放磁铁块并定期取出清除吸附其上的金属异物，严禁在牧场及饲料加工存放场地附近堆放铁器。

2.治疗　早期诊断后可行瘤胃切开术，将手伸进瘤胃内，从网胃中取出异物。也可不切开瘤胃而将手伸进腹腔，从网胃外取出异物。同时配合抗生素和磺胺类药物治疗，可用青霉素40万~80万单位、链霉素50万单位，肌肉注射；磺胺嘧啶钠5~8克、碳酸氢钠5克，加水灌服，每天1次，连用1周以上；或内服键胃剂、镇静剂。如病已到晚期，并累及心包或其他器官，则预后不良，常以淘汰告终。

胃肠炎

关键技术

　　诊断：据病羊出现消化机能紊乱、腹痛、发热、腹泻、脱水和毒血症，即可做出诊断。

　　防治：改善和加强饲养管理，注意饲料质量、饲养方法，建立合理的饲养管理制度；对病羊进行抗菌消炎、制止发酵、清理胃肠、保护肠黏膜、强心补液、防止脱水和自体中毒。

　　胃肠炎是胃肠表层黏膜及其深层组织的重创炎症过程。由于胃和肠的解剖结构和生理机能紧密相关，胃或肠的器质损伤和机能紊乱，容易相互影响。因此，胃和肠的炎症多同时发生或相继发生。该病的特征是严重的胃肠功能障碍和不同程度的自体中毒。

（一）诊断要点

1.病因　病因可分为原发性和继发性两种。

（1）原发性胃肠炎：其原因是多种多样的，但饲养管理上的错误占首要地位。羊采食品质不良的草料，如霉败的干草、冷冻腐烂块根、青草和青贮、发霉变质的玉米、大麦和豆饼等，以及有毒植物、化学药品或误食农药处理过的种子等。

（2）继发性胃肠炎：营养不良，长途车船运输等因素能降低羊只机体的防御能力，使胃肠屏障机能减弱，平时腐生于胃肠道并不引起致病作用的细菌，如大肠杆菌、坏死杆菌等微生物，此时往往由于毒力增强而起致病作用。此外，抗生素的滥用，一方面细菌产生抗药性；另一方面在用药过程中造成肠道的菌群失调引起的二重感染，应当引起重视。

另外，该病可继发于其他前胃疾病和某些传染病，如炭疽病、副结核病、巴氏杆菌病、羔羊大肠杆菌病及某些寄生虫病等。

2.症状　临床表现以消化机能紊乱、腹痛、发热、腹泻、脱水和毒血症为特征。病羊食欲废绝，口腔干燥发臭，舌面覆有黄白苔，常伴有腹痛。肠音初期增强，以后减弱或消失，不断排稀粪便或水样粪便，气味腥臭或恶臭，粪中混有血液及坏死的组织碎片。由于下泻，可引起脱水。脱水严重时，尿少色浓，眼球下陷，皮肤弹性降低，迅速消瘦，腹围紧缩。当虚脱时，病羊不能站立而卧地，呈衰竭状态。随着病情发展，体温升高，脉搏细数，四肢冷凉，昏睡；严重时可引起循环和微循环障碍，抽搐而死。慢性胃肠炎病程长，病势缓慢，主要症状与急性相似，可引起恶病质。

3.病变　肠内容物常混有血液，恶臭，黏膜呈现出血或溢血斑。由于肠黏膜的坏死，在黏膜表面形成霜样或麸皮状覆盖物。黏膜下水肿，白细胞性浸润。坏死组织剥落后，遗留下烂斑或溃疡。病程时间过长，肠壁可能增厚发硬。肠系膜淋巴结肿胀，常并发腹膜炎。

（二）鉴别诊断

通过流行病学调查，血、粪、尿的化验，对单纯性胃肠炎、传染病、寄生虫病的继发性胃肠炎可进行鉴别诊断。

当怀疑中毒时，应检查草料和其他可疑物质。

若口臭显著，食欲废绝，主要病变可能在胃；若黄染及腹痛明显，初期便秘并伴发轻度腹痛，腹泻出现较晚，主要病变可能在小肠；若脱水迅速，腹泻出现早并有里急后重症状，主要病变在大肠。

（三）防治措施

1.预防　预防本病的关键是改善和加强饲养管理，注意饲料质量、饲养方法，建立合理的饲养管理制度，加强饲养人员的业务学习，提高科学的饲养管理水平，做好经常性的饲养管理工作，对防止胃肠炎的发生有重要的意义。同时，注意饲料保管和调配工作，不使饲料霉败。饲喂要做到定时定量，少喂勤添，先草后料；检查饮水质量，禁止饮用污秽不洁饮水；久渴失饮时，注意防止暴饮；严寒季节，给予温水。当发现羊只采食、饮水及排粪异常时，应及时诊治，加强护理。

2.治疗　治疗本病的关键是抗菌消炎，制止发酵，清理胃肠，保护肠黏膜，强心补液，防止脱水和自体中毒。

常用药物：磺胺脒4～8克，碳酸氢钠3～5克；或萨罗2～8克、药用炭10克、次硝酸铋3克，加水适量，一次灌服。肠道消炎可选用氯霉素0.5克或土霉素0.5克，口服，每天2次。也可选用庆大霉素20万单位，肌肉注射，每天2次。

脱水严重时，可用复方生理盐水或5%葡萄糖溶液200～300毫升，10%樟脑磺酸钠4毫升、维生素C100毫克，混合后静脉注射，每天1～2次。下泻严重者，可用1%硫酸阿托品注射液2毫升，皮下注射。中药治疗，可用黄连4克、黄芩10克、黄柏10克、白头翁6克、枳壳9克、砂仁6克、猪苓9克、泽泻9克，水煎去渣候温灌服。

对急性胃肠炎可用下列药物治疗：白头翁12克、秦皮9克、黄连2克、黄芩3克、大黄3克、山枝3克、茯苓6克、泽泻6克、玉金9克、木香2克、山楂6克，一次水煎候温灌服。

感冒

关键技术

诊断：羊受寒冷刺激后突然发病，出现咳嗽、打喷嚏，体温升高等临床症状即可做出诊断。

防治：平时注意天气变化，做好御寒保温工作，防止冷风侵袭。夏季要防汗后风吹雨淋。对病羊应用解热镇痛药（如30%安乃近、复方氨基比林或复方奎宁注射液）和抗生素进行治疗。

感冒是以上呼吸道黏膜炎症为主的一种急性全身性疾病。多发于早春、晚秋气候剧变时，没有传染性。

（一）诊断要点

1.病因 主要由于气候突变，受寒冷刺激所引起。夏秋季节天热羊出汗后又遇到大风或冷雨浇淋、寒夜露宿，或剪毛后天气突然变冷等都会引起感冒。

2.症状 在寒冷因素作用后羊突然发病。表现精神沉郁，低头耷耳，食欲减少或废绝。鼻黏膜充血、肿胀，有浆液性鼻液，咳嗽，时有喷嚏或擦鼻现象。体温升高，浑身发抖，呆立。小羊还有磨牙现象，大羊常发出鼾声。听诊肺泡呼吸音有时增强，有时并有湿性罗音，瘤胃蠕动音减弱。

（二）防治措施

1.预防 注意天气变化，做好御寒保温工作，冬季羊舍门窗、墙壁要封严，防止冷风侵袭。夏季要防汗后风吹雨淋。

2.治疗 治疗本病的关键是在病初应给予解热镇痛药，如30%安乃近、复方氨基比林或复方奎宁注射液，羊4～6毫升，每天1次，肌肉注射。也可内服氨基比林2～5克。当高热不退时，应及时应用抗生素或磺胺类药物，如青霉素、链霉素，每天2次，每次40万～80万单位，肌肉注射。中药治疗可用荆芥10克、紫苏10克、薄荷10克，煎后灌服，每天2次。羔羊用量减半。

在进行上述治疗措施的同时，还应加强饲养管理，病羊应避风保暖，饮水充足，并喂饲易消化的饲料。

支气管肺炎

关键技术————————

诊断：根据临床特征，体温为弛张热，短钝的痛咳，胸部叩诊呈局灶性浊音区，听诊有捻发音，肺泡音减弱或消失；X射线检查可出现散在的局灶性阴影等。

防治：加强饲养管理，增强机体抗病能力。圈舍应通风良好，干燥向阳；冬季保暖，春季防寒，避免饲养密度过大。喂以营养全价的饲料；对病羊及时应用磺胺类药物或抗生素控制感染，并进行对症治疗，加强护理。

支气管肺炎又称小叶性肺炎，是细支气管与个别肺小叶或小叶群肺泡的炎症，一般由支气管炎症蔓延所引起。

（一）诊断要点

1.病因 主要是由于受寒感冒，机体抵抗力降低，受物理化学因素的刺激，受条件性病原菌的侵害，如巴氏杆菌、链球菌、化脓放线菌、坏死杆菌、绿脓杆菌、葡萄球菌等的感染而引起；羊肺线虫也可引起发病。此外，可继发于口蹄疫、放线菌病、羊子宫炎、乳房炎。还可见于羊鼻蝇蛆病、外伤性的肋骨骨折、创伤性心包炎、乳房炎的病理过程中。

2.症状　肺炎初期呈急性支气管炎症状，即咳嗽，体温升高，呈弛张热型，高达40℃以上；呼吸浅表、增数，呈混合型，呼吸困难。叩诊胸部有局灶性浊音区，听诊肺区有捻发音。当继发肺脓肿后，病羊呈现间歇热，体温升高至41.5℃；咳嗽，呼吸困难。肺区叩诊，常出现固定的似局灶性浊音区，病区呼吸音消失。

血液检查，白细胞总数可达1.5万／毫升，嗜中性白细胞增多，其中分叶核细胞增加。

3.病变　支气管肺炎有小叶的特性。在肺实质内，特别是在肺脏的前下部，散在一个或数个孤立的、大小不同的肺炎病灶，并且每一个病灶是一个或一群肺小叶。这些肺小叶是在有病变的支气管分支的区域。

患病部分的肺组织坚实而不含空气，初呈暗红色，以后呈灰红色。剪取病变肺组织小块投入水中即下沉。肺切面因病变程度不同，表现出各种不同的颜色。在新发生的病变区，则因充血显著而呈红色或灰红色。较久的病变区则因脱落的上皮细胞和渗出性细胞增加，呈灰黄色或灰白色。挤压时流出血性或浆液性液体。肺的间质组织扩张，被浆液性渗出物所浸润，呈胶冻样。在炎症病灶中，可见到扩张的并充满渗出物的支气管腔。在炎症病灶周围，几乎总可发现代偿性气肿。

（二）鉴别诊断

诊断本病主要根据临床特征，体温为弛张热，短钝的痛咳，胸部叩诊呈局灶性浊音区，听诊有捻发音，肺泡音减弱或消失；X射线检查可出现散在的局灶性阴影等。但在诊断时，还应与下列疾病相鉴别。

1.细支气管炎　热型不定。胸部叩诊呈现过清音甚至鼓音。听诊肺泡音亢盛并有各种罗音。

2.大叶性肺炎　呈稽留热型。病程发展迅速，而在典型病例常呈定型经过。肺部叩诊浊音区扩大，听诊肝变区有较明显的支气管呼吸音。在疾病的经过中，往往有铁锈色鼻液以及X射线检查病变部呈现明显而广泛的阴影。

（三）防治措施

1.预防　预防本病的关键是加强饲养管理，增强机体抗病能力。每个圈舍要严格控制饲养数量，防止饲养密度过大。圈舍应通风良好，干燥向阳；冬季保暖，春季防寒，以防感冒的发生。喂以蛋白质、矿物质、维生素含量丰富的饲料；远道运回的羊只，不要急于喂给精料，应多喂青饲料或青贮料。

2.治疗　治疗本病的关键是控制感染，并进行对症治疗，加强护理。

为控制感染，可用磺胺类药物和抗生素。常以青霉素40万～80万单位，链霉素0.5克，一次肌肉注射，每天2次，连用2～3天。也可使用青霉素，直接进行气管内注射。此外，还可使用新霉素、土霉素、四环素、卡那霉素及磺胺类药物治疗。

在进行上述治疗的同时，还应进行对症治疗。当体温过高时，可肌肉注射安乃近2毫升或安痛定2～4毫升，每天2次。心脏衰弱时，可用10%樟脑磺酸钠注射液2～3毫升，一次肌肉或皮下注射。镇咳祛痰，可使用氯化铵2～5克，吐酒石0.4～1克，杏仁水2～3毫升，加水混合，一次灌服。

酮病

关键技术

诊断：根据病史及典型的临床症状，病羊体温正常或偏低，呼出的气体及尿液中有丙酮气味，意识紊乱，有神经症状（肌肉痉挛，转圈等），黏膜苍白或黄染，视力丧失等即可做出诊断。

防治：改善饲养条件，冬季防寒，并补饲胡萝卜和甜菜根等，春季补饲青干草，适当补饲精料（以豆类为主）、骨粉、食盐和多种维生素等。对病羊应提高血糖水平，纠正酸中毒。

酮病又称酮尿病、醋酮血病、绵羊妊娠病，是由于蛋白质、脂肪和糖代谢发生紊乱，血内酮体蓄积所引起，以酮尿为主要症状。该病多见于绵羊和山羊妊娠后期，死亡率很高。绵羊多发生于冬末春初；山羊发病无季节性。

（一）诊断要点

1.病因　原发性酮病，目前普遍的论点是"糖缺乏理论"，羊在妊娠或大量泌乳时，机体消耗糖过多，需动员自身脂肪和蛋白质的降解来满足机体的需要。在机体代谢过程中，部分生酮氨基酸可直接变成酮体（丙酮、乙酰乙酸，β-羟丁酸）进入血液。此外，由于饲料搭配不当，含脂肪和蛋白质的精料过多，而碳水化合物的饲料和粗纤维饲料不足，特别是产羔期母羊过肥，体内大量贮存的脂肪容易引起过度动员分解，可加速体内酮体的合成。因此，过肥也常是酮病的诱因。

本病的继发因素有：微量元素钴的缺乏和多种疾病（如产后瘫痪、慢性前胃弛缓、子宫炎、肝脏疾病等）引起的瘤胃代谢紊乱，可导致体内维生素 B_{12} 不足，影响机体对丙酮的代谢。此外，机体内分泌机能紊乱等因素，均可促进酮病的发生。

2.症状　病羊初期掉群，不能跟群放牧，视力减退，呆立不动，驱赶强迫运动时，步态摇晃。后期出现意识紊乱，不听主人呼唤，视力丧失。神经症状常表现为头部肌肉痉挛，亦可出现耳、唇震颤，空嚼，口流泡沫状唾液。由于颈部肌肉痉挛，故头向后仰，或偏向一侧，亦可见到转圈运动。若全身痉挛则突然倒地死亡。在病程中，病羊食欲减退，前胃蠕动减弱，黏膜苍白或黄染；体温正常或低于正常，呼出气体及尿中有丙酮气味（似烂苹果味）。

在实验室采用亚硝基铁氰化钠法检验尿液呈阳性反应。

（二）防治措施

1.预防　预防本病的关键是改善饲养条件，冬季防寒，并补饲胡萝卜和甜菜根等，春季补饲青干草，适当补饲精料（以豆类为主）、骨粉、食盐和多种维生素等。

2.治疗　治疗本病的关键是提高血糖水平，纠正酸中毒。

为提高血糖含量，可静脉注射25%葡萄糖50～100毫升，每天1～2次，连用3～5天。也可与胰岛素（5～8单位）混合注射；调节体内氧化还原过程，可口服柠檬酸钠或醋酸钠，每天口服15克，连服5天；纠正酸中毒可静脉注射5%碳酸氢钠30～50毫升。

羔羊白肌病

关键技术

诊断：根据地方有缺硒病史、饲料分析、临床表现肌肉弛缓无力、运动失调、特殊的病变（骨骼肌和心肌有灰白色或黄白色的条状斑纹），以及用硒制剂防治有良好效果即可做出诊断。

防治：在缺硒地区，给新生羔羊和怀孕母羊补充亚硒酸钠。对发病羔羊颈部皮下注射0.2%亚硒酸钠，间隔20天再注射1次，同时肌肉注射维生素E疗效更好。

羔羊白肌病又称肌肉营养不良症，是饲料中缺乏微量元素硒和维生素E而引起的一种代谢障碍性疾病，以骨骼肌、心肌发生变性为主要特征。该病在绵羊羔和子山羊均可发生，尤其对2～6周龄的羔羊危害较大，一般是在冬天和早春缺乏青饲料时发病率最高。

（一）诊断要点

1.病因 该病主要是由于饲料中缺乏足量的微量元素硒和维生素E或饲料内含钴、银、锌、钒等微量元素过高，影响动物机体对硒的吸收。当饲料、饲草内硒的含量低于千万分之一时，就可发生硒缺乏症。一般饲料内维生素的含量都比较丰富，但维生素E是一种天然的抗氧化剂。因此，当饲料保存条件不好，高温、湿度过大、淋雨或暴晒以及存放过久，酸败变质，则维生素E很容易被分解破坏。在缺硒地区，羔羊发病率很高。由于机体内硒和维生素E缺乏时，使正常生理性脂肪发生过度氧化，细胞组织的自由基受到损害，组织细胞发生退形性病变和坏死，并可钙化。病变可波及全身，但以骨骼肌、心肌受损最为严重。可引起运动障碍和急性心肌坏死。

2.症状 全身衰弱，肌肉弛缓无力，有的出生后就全身衰弱，不能自行站立，行动不便，共济失调。心搏动快，每分钟可达200次以上；严重者心音不清，有时只能听到一个心音。一般肠音无明显变化，若肠音弱，病情已严重，多有下痢，也有便秘的。可视黏膜苍白，有的发生角膜炎，角膜浑浊、软化，甚至失明。呼吸浅而快，每分钟达80～90次，有的呈双重性吸气。尿呈淡红色或红褐色，尿中含蛋白质和糖。

该病多呈地方性流行，3～5周龄羔羊最易患病，死亡率有时高达40%～60%。生长发育越快的羔羊，越容易发病，且死亡越快。

3.病变 主要病变部位在骨骼肌、心肌、肝脏，其次为肾脏和脑。常受侵害的骨骼肌为腰、背、臀、膈肌等肌肉，该部肌肉变性、色淡，似煮过样或石蜡样，呈灰黄色、黄白色的点状、条状、片状不等；肌肉横断面有灰白色、淡黄色斑纹，质地变脆、变软、钙化。心肌扩张变薄，以左心室为明显，多在乳头肌内膜有出血点，在心内膜、心外膜下有黄白色或灰白色与肌纤维方向平行的条纹斑。肾脏可见到充血、肿胀，肾实质有出血点和灰色的斑状病灶。

（二）防治措施

1.预防 预防本病的关键是给羊补充亚硒酸钠。在缺硒地区，每年对所生羔羊，在出生后20天左右，皮下或肌肉注射0.2%亚硒酸钠溶液1毫升，间隔20天后，再次注射1.5毫升。注射开始日期最晚不超过25日龄。对怀孕母羊皮下注射1次亚硒酸钠4～6毫克，能预防新生羔羊白肌病。

2.治疗 治疗本病的关键是对发病羔羊颈部皮下注射0.2%亚硒酸钠1.5～2毫升，间隔20天再注射1次，如同时肌肉注射维生素E10～15毫克，则疗效更好。

佝偻病

关键技术

诊断： 根据饲养条件、慢性经过、病羊生长迟缓、有异食癖、运动困难以及牙齿、骨骼和关节变形等特征性症状即可做出诊断。

防治： 加强怀孕母羊和羔羊的饲养管理，供给充足的青绿饲料和青干草，增加运动和日照时间，并按需要量添加食盐、骨粉、各种微量元素等矿物质饲料。对病羊应早期补充维生素D和钙。

佝偻病是羔羊在生长发育期中，因维生素D缺乏和钙磷代谢障碍所致的一种慢性疾病。临床特征是消化紊乱、异食癖、跛行和骨骼变形。多发于冬末春初。

（一）诊断要点

1.病因　主要是由于饲料中维生素D的含量不足或日光照射不足，导致羔羊体内维生素D缺乏，直接影响钙磷的吸收和血内钙磷的平衡。此外，即使维生素D能满足羔羊的需要，但母乳和饲料中钙磷比例不当或缺乏，以及多原因的营养不良，均可诱发本病。

2.症状　早期呈现食欲减退，消化不良，精神沉郁，然后出现异食癖。病羊经常卧地不起，不愿运动。发育停滞，消瘦，下颌骨增厚和变软，出牙期延长，齿形不规则，常排列不整齐，齿质钙化不足（凹凸不平，有色素），齿面易磨损，不平整。严重的羔羊，口腔不能闭合，舌突出，流涎，采食困难。最后在面骨和躯干、四肢骨骼有变形，间或伴有咳嗽、腹泻、呼吸困难和贫血。

羔羊在站立时前肢腕关节屈曲，向前方外侧凸出，呈内弧形，后肢跗关节内收，呈"八"字形叉开站立。运动时步态僵硬，肢关节增大，前肢关节和肋骨软骨联合部最明显。病程经1～3个月。冬季耐过后若及时改善饲养（补充维生素A、维生素D）管理（增加日光照射或紫外线照射），可以恢复，否则可死于褥疮、败血症、消化道及呼吸道感染。

3.病变　剖检可见长骨发生变形，但无显著眼观病变。

（二）防治措施

1.预防　预防本病的关键是加强怀孕母羊的饲养管理，供给充足的青绿饲料和青干草，补喂骨粉，增加运动和日照时间。羔羊饲养更应注意，有条件的喂给干苜蓿、沙打旺、胡萝卜等青绿多汁饲料，并按需要量添加食盐、骨粉、各种微量元素等矿物质饲料。

2.治疗　治疗本病的关键是早期给病羊补充维生素D和钙。可用维生素D_2胶性钙5 000～20 000单位肌肉或皮下注射，每周1次，连用3次；精制鱼肝油3～4毫升，灌服或肌肉注射，每周2次；维生素A、维生素D注射液3毫升，肌肉注射等。补钙可使用10%葡萄糖酸钙注射液5～10毫升，一次静脉注射。

用中药治疗可灌服三仙蛋壳粉即：焦山楂、神曲、麦芽各60克，蛋壳粉（烘干后为末）120克，混合后每只羔羊每天12克，灌服，连用1周。

食毛症

关键技术

　　诊断：根据病羊生长缓慢，消化不良，贫血，便秘，腹痛，有异食癖等临床症状，即可做出诊断。

　　防治：制定合理的饲养计划，饲喂要做到定时、定量，防止羔羊暴食。对羔羊补饲，应供给富含蛋白质、维生素和矿物质的饲料。对病羊用植物油、液体石蜡等进行灌肠通便，治疗无效的应及时进行手术治疗。

　　食毛症又称舔毛症，是一种异食癖，以相互啃咬被毛或舔食脱落羊毛为特征。绵羊尤其是羔羊多发。山羊亦可发生。羔羊食毛症多发于冬季舍饲的羔羊，由于食毛量过多，可影响消化，严重时因毛球阻塞肠道形成肠梗阻而死亡。

（一）诊断要点

　　1.病因　目前还不十分清楚，一般认为本病主要是由于物质代谢障碍引起。母羊和羔羊饲料中的矿物质和维生素不足，尤其是钙磷的缺乏，导致矿物质代谢障碍；羔羊在哺乳期中毛的生长速度特别快，需要大量生长羊毛所必需的含硫丰富的蛋白质，如果此类蛋白质供应不足，会引起羔羊食毛；由于羔羊断奶后，放牧时间短，补饲不及时，羔羊饥饿时采食了混有羊毛的饲料和饲草而发病，以及分娩母羊的乳房周围、乳头和腿部的污毛没剪，新生羔羊在吮乳时误将羊毛食入也可引起发病。

　　在土壤、饲料和饮水中锌、钼含量高的地区，发病率较高。不少学者强调，饲料中缺乏含硫氨基酸是导致本病的主要原因。

　　2.症状　病初，羔羊啃咬和食入自己母羊的毛，尤其喜食腹部、股部和尾部被污染的毛，羔羊之间也可能互相啃咬被毛。当毛球形成团块时，可使真胃和肠道阻塞，羔羊表现喜卧、磨牙、消化不良、便秘、腹痛和胃肠臌气，严重者表现消瘦贫血。触诊腹部，真胃、肠道或瘤胃内可摸到大小不等（枣核至核桃大）的圆形坚韧硬块，羔羊表现疼痛不安。重症治疗不及时可导致心脏衰竭而死亡。

3.**病变**　剖检时可见胃内和幽门处有许多羊毛球，坚硬如石，堵塞胃肠道。

（二）防治措施

1.**预防**　预防本病的关键是从饲养管理、日粮分析等多方面分析调查，找出病因，有针对性地补饲所缺乏的物质，才能有效防治。一般应注意改善饲养管理，要制定合理的饲养计划，饲喂要做到定时、定量，防止羔羊暴食。对羔羊补饲，应供给富含蛋白质、维生素和矿物质的饲料，如青绿饲料、胡萝卜、甜菜和麸皮等，每天供给骨粉（5～10克）和食盐。近年来，用含巯基的氨基酸（如蛋氨酸）防治本病获得良效。另外，还应注意分娩母羊和舍内的清洁卫生，母羊产羔后要将乳房周围和腿部污毛剪掉，然后用2%～5%的来苏尔消毒后再让新生羔羊吮乳。

2.**治疗**　治疗本病的关键是清理胃肠，灌肠通便。可灌服植物油类、液体石蜡或人工盐、碳酸氢钠等，如伴有拉稀可进行强心补液。对药物治疗无效的，应及时进行真胃切开术，取出毛球。

在进行上述治疗的同时，还应加强母羊和羔羊的饲养管理，供给多样化的饲料和含钙丰富的饲料，保证有一定的运动，精料中加入食盐和骨粉，补喂鱼肝油。具体方法如下：

①每5只羔羊每天喂1个鸡蛋，连蛋壳捣碎，拌入饲料内或放入奶中饲喂，喂5天，停5天，再喂5天，可控制食毛的发生和发展。②用食盐40份、骨粉25份、碳酸钙35份，或者骨粉10份、氯化钴1份、食盐1份，混合，掺在少量麸皮内，让羔羊自由舔食。③给瘦弱的羔羊补给维生素A、维生素D和微量元素，如加喂市售的AD粉和营养素，对有舔食习惯的羔羊更应特别注意补喂。

脱毛症

关键技术

诊断：根据临床症状，病羊被毛脱落，营养不良，有不同程度的贫血，有异食癖（相互啃食被毛，喜吃塑料袋、地膜等异物），无体内外寄生虫感染，即可做出诊断。

防治：在病区，给羊增加维生素和微量元素；加强饲养管理，改换放牧地；饲料中添加0.02%碳酸锌，每周绵羊口服硫酸铜1.5

克；当胃肠道阻塞时应清理胃肠，维持心脏机能，防止病情恶化。具体方法可参考食毛症的治疗。

绵羊脱毛症是指在非寄生虫性、皮肤无病变的情况下，被毛发生脱落，或被毛发育不全的总称。

（一）诊断要点

1.**病因**　多数学者认为，本病与缺乏锌和铜元素有关。据内蒙古巴盟地区的测定结果，病区混合牧草含锌量为17.38毫克／千克，含铜量为2.92毫克／千克，其值均低于正常含量；补锌、铜治疗试验获得满意效果。此外，病区外环境缺硫，导致牧草含硫量不足也是本病的原因之一。长期饲喂块根类饲料的羊群也见有发病者。

2.**症状**　成年羊被毛无光泽，色灰暗，营养不良，有不同程度的贫血。有异食癖，表现为相互啃食被毛，喜吃塑料袋、地膜等异物。病羊被毛脱落，严重时腹泻，偶见视力模糊。体温、脉搏正常。有时整片脱毛，以背、颈、胸和臀部最易发生。

羔羊病初啃食母羊被毛，有异食癖，喜吃污粪或舔土。以后食入的被毛在胃内形成毛球，当毛球横径大于幽门或嵌入肠道使皱胃和肠道阻塞时，羔羊出现消化不良、便秘、腹痛及胃肠臌气，严重者表现消瘦、贫血。

（二）防治措施

1.**预防**　预防本病的关键是在病区，给羊增加维生素和微量元素；加强饲养管理，改换放牧地；饲料中添加0.02％碳酸锌，每周绵羊口服硫酸铜1.5克；补饲家畜生长素，增喂精料。

2.**治疗**　治疗本病的关键是清理胃肠，维持心脏机能，防止病情恶化。具体方法可参考食毛症的治疗。

光敏症

关键技术

诊断： 根据病羊在日光直射后，无色素皮肤部分发生过敏性红斑和皮炎，且有奇痒，即可做出诊断。

防治：在常发病的地区和季节，应避免日光直射和在危险的草地放牧。对已发生过光敏症的羊群，可在夜间或早晚放牧。对病羊立即停喂致敏饲料，避免日光直射，同时进行对症治疗。

光敏症是指由于皮肤含有光动力物质，使浅色皮肤对太阳的照射反应过强造成的皮肤损伤。其特征是动物的无色素皮肤部分发生过敏性红斑和皮炎，并出现神经症状。各种动物均可发生，但以牛和绵羊最常见。

（一）诊断要点

1.病因 光敏症可分为原发性、继发性和先天性三类。前两类较多见。西北地区，在夏季因饲喂苜蓿而引起的光敏症又称"苜蓿中毒"，因荞麦而引起者称"荞麦中毒"。

（1）原发性光敏症：光动力物质可经皮肤吸收，也可经胃肠道吸收入体内，并以原有的分子结构分布到皮肤组织内。如来源于植物的金丝桃素、荞麦素以及伞形科和芸香科植物等均含有光活性物质，可导致家畜和禽类的光敏症。如白芷可导致绵羊和牛的光敏症。三叶草、苜蓿、牛八亩以及芸香也与光敏症有关。此外，某些煤焦油衍生物如吩噻嗪、磺胺类药物和四环素等也可诱发光敏症。

（2）继发性（肝源性）光敏症：该型是目前羊的光敏症中最常见的类型。由于肝脏的分泌功能受损，光敏物质叶红素（一种卟啉）蓄积于血浆中，而导致本病的发生。叶红素是叶绿素经反刍动物前胃中的微生物厌氧降解生成的。正常情况下叶红素被吸收进入血液循环，经肝脏有效地分泌到胆汁中。如多种原因所造成的肝功能衰竭或胆管受损（双腔吸虫、多种致肝脏损伤的植物毒素以及磷、四氯化碳等），均可导致肝脏对叶红素的分泌功能障碍，增加血液循环中叶红素的含量，而到达皮肤，吸收释放光能，激发光损害反应。

（3）先天性光敏症：很少见。据报道，一种纯种绵羊的肝脏在吸收某些有机阴离子方面有遗传缺陷，使叶绿胆紫素在外周循环中积聚，导致光敏症。

2.症状 本病主要表现为皮炎，并且只局限于日光能够照射到的无色素的皮肤。

病初在其皮肤的无毛和无色部分表现充血、肿胀，并有痛感。一般在耳、面、眼睑及颈等部位发生红斑性疹块。剪过毛的羊可能大面积的发生在背部和颈部；病羊奇痒，表现不安，展转不停，搔擦暴露的浅色皮肤，有时，边跑边擦痒。病羊的痒觉，在白天暴晒加重，晚间减轻。此时病羊食欲和粪便没有明显变化，停喂或更换致敏饲料后，发痒缓解，数日后消失。

严重的病例，其皮肤显著肿胀、疼痛，形成脓包，破溃后，流出黄色液体，结痂，有时痂下化脓，皮肤坏死。同时，常伴有口炎、结膜炎、鼻炎、阴道炎等症状。病羊食欲废绝，流涎，便秘，心律不齐，脉细弱，体温升高。有的出现神经症状，兴奋，战栗，痉挛和麻痹；有的呼吸困难，运动失调，后躯麻痹，双目失明。如为肝源性光敏症，可视黏膜出现黄疸。重症病羊多不易治愈。

3.病变 尸体全身水肿，头颈及前肢更为明显。耳和前后肷部的皮肤发红。皮下水肿液为淡黄色，稀胶水状，后肢及胸侧水肿液中有大块出血。体表多处淋巴结水肿和出血。心包积液，心脏扩张，心内充满血凝块。纵隔淋巴结水肿。肝脏稍肿大、质脆。瘤胃缩小，十二指肠黏膜充血。肺脏有时水肿。脾脏、肾脏正常。

该断本病除根据典型的临床症状和病理变化外，还应结合血清分析、肝组织活检，以查明肝脏有无疾病。此外，还应检查血、尿及粪中有无卟啉，有助于揭示真正的病因。

（二）防治措施

1.预防 预防本病的关键是在常发病的地区和季节，应避免日光直射和在危险的草地放牧。对已发生过光敏症的羊群，可在夜间或早晚放牧。当用吩噻嗪驱线虫时，羊口服后应在避光处停留1~2天。

2.治疗 治疗本病的关键是除去病因，立即停喂致敏饲料，置病羊于阴蔽处，避免日光直射，同时进行对症治疗。可采取以下措施。

为了排除毒物，清理胃肠，可进行洗胃或灌服泻下药物。洗胃可用0.1%~0.5%高锰酸钾溶液，鞣酸溶液；泻剂可用盐类泻剂或油类泻剂，如内服硫酸钠300~500克，或石蜡油500~1 000毫升。也可用蓖麻油、人工盐等。

应用抗过敏药物。肌肉注射苯海拉明，每次40毫克；口服苯茚胺，每次50~100毫克；静脉注射葡萄糖酸钙或氯化钙溶液等。

为防止感染可应用抗生素（忌用四环素、磺胺类药物）。给予镇静剂以制止奇痒。可试用盐酸口服，肌肉注射维生素C溶液。

患部皮肤可用石灰水洗涤，涂以10%鱼石脂软膏、石炭酸软膏或氧化锌油剂（氧化锌25.0克、蓖麻油55.0克，液体石蜡20.0克）。亦可用以下软膏：薄荷脑0.2克、氧化锌2克、凡士林2克。

防止蝇类袭扰。如为继发性光敏症，应及时治疗和预防原发。

尿结石

关键技术

诊断：当羊发生尿液减少或尿闭，或有肾炎、膀胱炎、尿道炎病史即可初步诊断为本病，借助尿液显微镜检查即可确诊。

防治：应控制谷物、麸皮、甜菜块根的饲喂量，饮水要清洁。对患有尿道炎、膀胱炎和肾炎的病羊要及时治疗。对病羊应进行手术治疗，摘除结石。药物治疗一般无效。

尿结又称石淋，是在肾盂、输尿管、膀胱、尿道内生成或存留以碳酸钙、磷酸盐为主的盐类结晶，使羊排尿困难，并由结石引起泌尿器官发生炎症的疾病。其特征为排尿障碍，肾区疼痛。本病以尿道结石多见，而肾盂结石、膀胱结石较少见。种公羊患病可丧失配种能力。

（一）诊断要点

1.病因 本病一般与下列因素有关：①溶解于尿液中的草酸盐、碳酸盐、尿酸盐和磷酸盐等，在凝结物周围沉积形成大小不等的结石。结石的核心可能发现上皮细胞、尿圆柱、凝血块、脓汁等有机物。②由尿路炎症引起尿潴留或尿闭，可促进结石形成。③饲料和饮水中含钙、镁盐类较多，饲喂大量的甜菜块根及渣粕，饲料中麸皮比较高等，常可促使本病的发生。④肾炎、膀胱炎、尿道炎在引起本病的发生上不可忽视。

2.症状及病变 尿结石常因发生的部位不同而症状也有差异。尿道结石，常因结石完全或不完全阻塞尿道，引起尿闭、尿痛、尿频时，才被人发现。病羊排尿努责，痛苦咩叫，尿中混有血液。尿道结石可致膀胱破裂。膀胱结石在不影响排尿时，不显临床症状，常在死后才被发现。肾盂结石有的生前不显临床症状，而在死后剖检时，才被发现有大量的结石。肾盂内多量较小的结石进入输尿管，使之扩张，可使羊发生疝痛症状。尿液显微镜检查，可见有脓细胞、肾盂上皮、沙粒或血液。当尿闭时，常可发生尿毒症。

（二）防治措施

1.预防 预防本病的关键是应控制谷物、麸皮、甜菜块根的饲喂量，饮水要清洁。对患有尿道炎、膀胱炎和肾炎的病羊要及时治疗。

2.治疗 治疗本病的关键是进行手术治疗，摘除结石。药物治疗一般无效。

氢氰酸中毒

关键技术

诊断： 据病羊有采食含氰甙饲料的病史、呼吸困难、皮肤和黏膜发红、神经机能异常等症状，以及血液呈鲜红色的病变，可做出初步诊断，确诊还需要进行毒物分析。

防治： 防止羊采食富含氰甙的饲料和误食含氰化物农药。禁止在有氰甙植物的地区放牧，注意氰化物农药的管理，严防误食。如需用含氰甙的饲料喂羊时，要经减毒处理且限量饲喂。对中毒羊迅速应用亚硝酸钠、美蓝、硫代硫酸钠等特效解毒药进行抢救。

氢氰酸中毒是由于羊采食了或饲喂了含有氰甙配糖体的植物而引起的，临床上以呼吸困难、震颤、痉挛和突然死亡为特征的中毒性缺氧综合征。

（一）诊断要点

1.病因 主要是由于羊采食过量的高粱苗、玉米苗、胡麻苗等，在胃内由于酶的水解和胃酸作用，产生游离的氢氰酸而致病。此外，误食氰化物（氰化钠、氰化钾、氰化钙）以及中药处方中杏仁、桃仁用量过大时，也可引起本病的发生。

2.症状 主要是腹痛不安，口流泡沫状液体，先表现兴奋，然后很快转入抑制状态，全身衰竭无力，站立不稳，走路摇摆，或突然倒地，呼吸困难，次数增多，张口伸舌，呼出气体带有苦杏仁味。皮肤和黏膜呈鲜红色。严重的很快失去知觉，后肢麻痹，体温下降，眼球突出，目光直视，瞳孔散大，脉搏沉细，腹部膨大，粪尿失禁，四肢发抖，肌肉痉挛，发出痛苦的鸣叫声。常因心跳和呼吸麻痹，在昏迷中死亡。

3.病变 剖检可见，血液呈鲜红色，凝固不良。气管黏膜有出血点，气管腔有带血的泡沫，肺充血、水肿，心脏的内、外膜均有出血点，心包内有淡黄色液体。胃肠壁浆膜和黏膜亦有出血点，肠管有出血性炎症，胃内充满带有苦杏仁味的内容物。

（二）防治措施

1.预防 预防本病的关键是加强饲养管理，防止羊采食富含氰甙的饲料和误食含氰化物农药。禁止在有氰甙植物的地区放牧，注意氰化物农药的管理，严防误食。如需用含氰甙的饲料喂羊时，要经减毒处理且限量饲喂。如用流水（或勤换水）浸泡24小时；也可将0.12%~0.15%盐酸溶液加入亚麻子饼中煮沸。

2.治疗 治疗本病的关键是迅速应用亚硝酸钠、美蓝、硫代硫酸钠等特效解毒药进行抢救。发病后迅速用亚硝酸钠0.2~0.3克加入10%葡萄糖50~100毫升中缓慢静脉注射，然后再缓慢注射10%硫代硫酸钠10~20毫升。也可静脉注射2%美蓝液，每千克体重1毫升。

在进行上述治疗的同时，还可应用强心剂、维生素C、葡萄糖、洗胃（用0.1%高锰酸钾溶液）、催吐（1%硫酸铜）等进行对症治疗。

有机磷中毒

关键技术

诊断： 根据有毒物接触史和临床症状（流涎、腹泻和肌肉强直性痉挛，呼出气体、呕吐物有蒜臭味），进行药物诊断（用解磷定和阿托品进行治疗性试验）或毒物检验即可做出诊断。

防治： 加强对农药的管理，防止羊误食农药污染的饲草、饮水。喷洒过农药的地域禁止放牧或割草饲喂动物。接触过农药的器具不要给羊应用。使用敌百虫驱虫时，防止过量。对中毒病羊立即应用特效解毒药，并尽快除去尚未吸收的毒物。

有机磷中毒是由于羊只接触、吸入和采食了某种有机磷制剂而引起的全身中毒性疾病。本病的特征是出现胆碱能神经过度兴奋的一系列症状群。

（一）诊断要点

1.病因 引起中毒的原因主要是误食喷洒有机磷农药的青草或农作物，误饮被有机磷农药污染的饮水，误把配制农药的容器当作饲槽或水桶喂饮羊。当用有机磷制剂（如敌百虫）驱杀动物体内外寄生虫时，由于药量过大或使用方法不当亦可引起中毒。

引起羊中毒的有机磷农药主要有剧毒类的对硫磷（1605）、内吸磷（1059）、甲拌磷，强毒类的敌敌畏、乐果、甲基内吸磷（甲基1059），弱毒类的敌百虫、马拉硫磷等。此类农药，可经皮肤渗入机体内，经消化道或呼吸道也可很快吸收。

2.症状 有机磷中毒时，因制剂的化学特性和造成中毒的具体情况不同，其所表现的症状及程度差异很大。但基本上都表现为胆碱能神经受乙酰胆碱的过度刺激而引起的过度兴奋现象，以流涎、腹泻和肌肉强直性痉挛为特征。病羊表现不安，狂躁，流涎，流泪，咬牙，瞳孔缩小，眼球震颤，有饮欲而食欲消失，反刍停止，腹泻等。心跳、呼吸次数增加，体温正常。全身发抖、痉挛，后因失去平衡，步态不稳，卧地不起，最终因呼吸肌麻痹而窒息死亡。

3.病变 经消化道吸收中毒在10小时内的最急性病例，胃肠黏膜充血，胃内容物有大蒜臭味。经10小时以上者则可见胃肠黏膜脱落和出血性炎症，肝、脾、肾肿大，肺充血、出血、水肿。脏器黏膜和浆膜广泛性出血。

在诊断时，除根据临床症状、毒物接触史外，还可进行药物诊断和毒物检验。药物诊断是对可疑发病动物用解磷定和阿托品进行治疗性试验，如果给药后中毒症状很快缓解，即可做出诊断；毒物检验是取可疑发病动物的血液、尿液，测定血中胆碱酯酶活性和尿中有机磷农药的分解产物；或取饲料、饮水、胃内容物，用间苯二酚法、硝基酚反应法检测相应的毒物，即可做出诊断。

（二）防治措施

1.预防 预防本病的关键是加强对农药的管理，防止羊误食农药污染的饲草、饮水。喷洒过农药的地域，禁止放牧或割草饲喂动物。接触过农药的器具不要给羊应用。使用敌百虫驱虫时，防止过量以免发生中毒。

2.治疗 治疗本病的关键是立即应用特效解毒药，并尽快除去尚未吸收的毒物。

常用的解毒药有两类：一类是抑制植物神经药物（即胆碱能神经抑制剂或乙酰胆碱对抗剂），如阿托品；另一类是胆碱酯酶复活剂，如解磷定、氯磷定、双解磷、双复磷等，其中双复磷能通过血脑屏障，对中毒症状的缓解效果较好。

在临床上，一般将胆碱酯酶复活剂和乙酰胆碱对抗剂两类解毒药同时应用，双管齐下，疗效确实。

解磷定和氯磷定剂量为每千克体重10～30毫克，溶于5%葡萄糖溶液100毫升内，缓慢静脉注射，以后每隔2～3小时注射1次，剂量减半，直至症状缓解。双磷定和双复磷的剂量为解磷定的一半，用法相同。

阿托品作为竞争性对抗剂，必须超量应用，达到阿托品化，才能取得疗效。其剂量为每千克体重0.5～1毫克，皮下或肌肉注射。经1～2小时症状未减轻的，可减量重复应用，直到出现阿托品化状态（即口腔干燥、瞳孔散大、心跳加快等）为止。

为了尽快排除毒物，可灌服盐类泻剂（硫酸镁、硫酸钠）或活性炭，禁用油类泻剂。在洗胃时，因多数有机磷酯类在碱性介质中易分解失效，因此可用1%肥皂水或4%碳酸氢钠溶液洗胃或冲洗皮肤。但由于敌百虫、硫特普、八甲磷、二嗪农等在碱性介质中其毒性增强，所以，这些农药中毒时，勿用肥皂等碱性物质洗胃。对硫磷中毒时，禁用高锰酸钾溶液洗胃，否则会形成毒性更强的对氧磷。

羊肉毒梭菌中毒症

关键技术 ——————————————————————

诊断：发病急，且呈散发；病羊运动神经麻痹，流涎，有浆液性鼻涕，最后因呼吸麻痹而死亡；实验室检查被检饲料或胃肠内容物含有毒素。

防治：发病后使用肉毒梭菌多价血清，同时使用盐类泻剂并进行洗胃、灌肠；平时注意环境卫生，及时清除动物的尸体或残骸，不用腐败草料喂羊。

本病是由于食入肉毒梭菌毒素而引起的急性中毒性疾病，以运动神经麻痹为特征。肉毒梭菌芽孢广泛分布于自然界，在动物尸体、肉类、饲料、罐头食品中发育繁殖时可产生毒素。该毒素毒力极强，并且在消化道中不被破坏。体液中的毒素在100℃，15～20分钟可被破坏，在固体食物中需要2小时。肉毒梭菌毒素为一种蛋白质，通常以毒素分子和一种红细胞凝集素载体所构成的复合物形式存在。

（一）诊断要点

1.流行特点 肉毒梭菌的芽孢广泛分布于自然界中，土壤为其自然居留地，在腐败尸体和腐烂的饲料中含有大量的肉毒梭菌毒素，因此，该病在各个地区都可发生。各种畜禽都有易感性，当羊食入了霉烂饲料、腐败尸体或被肉毒梭菌毒素污染的饲料、饮水即可发病。一般羊群中发生中毒的只是少数，大批中毒的情况很少。本病没有传染性。

2.症状 病初呈现兴奋症状，共济失调，步态僵硬，行走时头弯于一侧或作点头运动，尾向一侧摆动。流涎，有浆液性鼻涕。呈腹式呼吸，最后因呼吸麻痹而死亡。

3.病变 病尸剖检一般无特异变化，咽喉黏膜、胃肠黏膜、心内外膜可能有出血斑点，肺可能有充血、水肿变化，脑膜可能充血；有时在胃内发现骨片、木片或石头等异物，说明生前有异食癖。

根据病因调查和发病经过，结合临床症状和病理变化，即可做出初步诊断。确诊必须检查可疑饲料、病死羊胃肠内容物及病羊血清有无毒素存在。

取可疑饲料或病死羊胃肠内容物，加2倍以上无菌生理盐水，充分研磨，做成悬液，置室温下浸出1～2小时，离心取上清液，加抗生素处理后，分为两份。一份不加热，供毒素试验用；另一份经100℃加热30分钟，供对照用。用鸡作试验时，吸取上述液体注射于眼睑皮下，一侧供试验用，另一侧作对照。注射量均为0.1～0.2毫升。如注射后0.5～2小时，试验眼睑逐渐闭合（麻痹），而对照眼睑仍正常，且试验鸡于10小时后死亡，则证明被检饲料或胃肠内容物含有毒素。

（二）防治措施

1.**预防** 预防本病的关键是注意环境卫生，在牧场或羊舍内，如发现有动物尸体和残骸，应及时清除，特别注意不用腐败草料喂羊。平时可在饲料中添加适量的食盐、钙和磷等矿物质，以防止动物发生异食癖，乱舔食尸体和残骸等。当发现该病时应及时查明毒素来源，予以清除。

2.**治疗** 治疗本病的关键是发病早期可使用肉毒梭菌多价血清，同时使用盐类泻剂（硫酸镁、硫酸钠等）并进行洗胃、灌肠，以促进消化道内的毒素排除。据报道，使用盐酸胍，以每千克体重1毫克的剂量治疗，可解除毒素引起的某些麻痹症状。当有体温升高时，可注射抗生素或磺胺类药物以防止发生肺炎。

创伤

关键技术

诊断：根据有受伤史、皮肤有创口即可做出诊断。

防治：加强饲养管理，防止羊群受到机械性损伤。治疗时，对于新鲜污染创伤要尽快进行清创手术，防止感染；对化脓感染创伤要控制感染，清除创内异物和坏死组织，扩创排脓，保证脓汁排出通畅，防止全身感染；对肉芽创伤要保护健康肉芽组织不受损伤，防止继发感染，加速上皮新生。

创伤是指皮肤或黏膜的完整性遭到破坏的机械性开放性损伤。创伤可分为新鲜创伤和化脓性感染创伤。新鲜创伤包括手术创伤和新鲜污染创伤；化脓性感染创伤是指创内有大量细菌侵入，出现化脓性炎症的创伤。

（一）诊断要点

1.**病因** 引起创伤的原因很多，一般临床常见的创伤大多是机械性刺激作用所引起的损伤，如尖锐物体的刺入，刀类、铁片、玻璃片等砍切，车辆的冲撞、碾压，动物滑倒，或被犬咬伤等。

2.症状　新鲜创伤的临床特点是出血、疼痛和创口裂开。伤后的时间较短，创内尚有血液流出或存有血凝块，且创内各部组织的轮廓仍能识别，有的虽被严重污染，但未出现创伤感染症状；严重创伤有不同程度的全身症状。

化脓感染创伤的特点是创面肿胀、疼痛，局部增温，创口不断流出脓汁或形成很厚的脓痂，有时出现体温升高。随着化脓性炎症的消退，创面出现新生肉芽组织，称之为肉芽创。正常肉芽组织比较坚实，呈红色平整的颗粒状，表面覆有少量黏稠的带灰白色的脓性分泌物。

在诊断时，局部检查要了解创伤发生的部位、形状、大小、方向、性质、深度，创口裂开的程度，有无出血，创围组织状态以及创内有无异物、污染、感染、血凝块和创囊等。对有分泌物的创伤，应注意分泌物的颜色、气味、黏稠度、数量和排出是否通畅等。出现肉芽组织的创伤，应注意肉芽组织的颜色、数量和生长情况等。全身检查要注意观察动物的精神状态、体温、呼吸、脉搏和可视黏膜状况。

（二）防治措施

1.预防　预防本病的关键是加强饲养管理，防止羊群受到机械性损伤。

2.治疗　治疗本病的关键是对于新鲜污染创伤要尽快进行清创手术，防止感染；对化脓感染创伤要控制感染，清除创内异物和坏死组织，扩创排脓，保证脓汁排出通畅，防止全身感染；对肉芽创伤要保护健康肉芽组织不受损伤，防止继发感染，加速上皮新生。具体方法如下。

（1）新鲜污染创伤：首先进行止血，然后清洁创围，用灭菌纱布覆盖创面，剪去创围被毛，再用70%酒精涂擦创围皮肤，然后用5%碘酊消毒创围皮肤。而后清洗创面和进行清创手术，将灭菌纱布移开，用生理盐水、双氧水（3%过氧化氢溶液）或0.1%高锰酸钾溶液清洗创面，用镊子、手术剪除去创内异物、血凝块和坏死组织，然后修整创缘，用上述药液冲洗创腔。对小的创伤可涂布5%碘酊，对污染严重的创伤，可向创内撒布消炎粉、碘仿磺胺粉或青霉素粉等。创口小的可覆盖灭菌纱布后进行包扎，如创口较大，应缝合后再进行包扎。

（2）化脓感染创伤：应首先进行扩创排脓，剪掉或切除坏死组织，然后用0.1%新洁尔灭或高锰酸钾、3%双氧水等冲洗创腔，最后用松碘流膏（松馏油15克、5%碘酊15毫升、蓖麻油500毫升）纱布条进行引流。创口不缝合，不包扎。有全身症状的可适当选用抗生素或磺胺类药物，并注意强心、解毒等对症治疗。

（3）肉芽创伤：应先清洗创围，然后局部选用刺激性小、能促进肉芽组织生长的药物，如松碘油膏、10%磺胺鱼肝油、3%红汞鱼肝油、磺胺软膏、青霉素软膏、金霉素软膏等；为促进上皮新生，可选用氧化锌水杨酸软膏。当肉芽组织赘生时，可用硝酸银棒、高锰酸钾粉或硫酸铜腐蚀，也可用烧烙法除去赘生肉芽。

流产

关键技术

诊断： 根据病史和临床症状即可做出诊断，但关键是应查出引起流产的原因。可采取流产胎儿的胃内容物和胎衣做细菌镜检和培养，或做血清学反应检查，即可确诊引起流产的病原。

防治： 加强饲养管理，注意传染病的防治，根据流产发生的原因，采取有效的防治保健措施。当羊群发生流产时应首先确定是何种流产以及怀孕能否继续进行，然后再确定治疗方法。

流产是指母羊在怀孕期间，因胎儿与母体的正常关系受到破坏而使怀孕中断的病理现象。流产可发生在怀孕的各个阶段，但以怀孕早期较多见。山羊发生流产较多，绵羊少见。

（一）诊断要点

1.病因 根据发病原因不同，流产可分为两类：一类是由于传染性的因素所引起的，多见于布氏杆菌病、弯杆菌病、沙门氏杆菌病、支原体病、衣原体病、毛滴虫病、弓形体病以及某些病毒性疾病等。另一类是非传染性因素引起的，可见于子宫疾病，如子宫畸形、胎盘坏死、慢性子宫内膜炎和胎水过多等；内科病如肺炎、肾炎、有毒植物中毒、食盐中毒、农药中毒，营养代谢障碍病如无机盐缺乏、微量元素不足或过剩、维生素A或维生素E不足等，以及饲料发霉或冰冻等也可致病；外科病如外伤、蜂窝织炎、败血症，以及运输拥挤等也能导致流产。

2.症状 一般可分为四种即隐性流产、排出不足月的活胎儿、排出死亡而未变化的胎儿和延期流产。

（1）隐性流产：因为发生在怀孕的早期（主要在怀孕第一个月内），胚胎还没形成胎儿，故临床上难以看到母羊有什么症状表现。

（2）排出不足月的活胎儿：这类流产的预兆和过程与正常分娩相似，胎儿是活的，因未足月即产出，故又称为早产。

（3）排出死亡而未变化的胎儿：这是流产中最常见的一种，通常又称之为小产。病羊表现精神不振，食欲减退或废绝，腹痛，起卧不安，努责咩叫，阴门流出羊水，胎儿排出后逐渐变安静。若在同一群中病因相同，则陆续出现流产，直至受害母羊流产完毕，方能稳定下来。

（4）延期流产：又称死胎停滞，是指胎儿在母体内死亡后，由于子宫收缩无力，子宫颈不开张或开张不全，死亡的胎儿可长期留在子宫内。此时胎儿可形成木乃伊，或者其软组织自行溶解（或腐败分解）后被排出体外，胎骨残留于子宫内。此时，病羊由阴道内排出红褐色或棕褐色有异味的黏稠液体（胎儿若形成木乃伊后则无此症状），有时混有小的骨片。后期排出脓汁。

（二）防治措施

1.预防　预防本病的关键是加强饲养管理，注意传染病的防治，根据流产发生的原因，采取有效的防治保健措施。一般应注意以下几方面。

对怀孕母羊，应给以充足的优质饲料，日粮中所含的营养成分，应满足母体和胎儿的需要。严禁饲喂冰冻、霉败变质或有毒饲料，防止饥饿、过渴、过食、暴饮。

加强管理，怀孕母羊要适当运动，防止挤压碰撞、跌摔、踢跳、鞭打惊吓或追赶猛跑，做好防寒、防暑工作。合理选配，以防偷配、乱配。母羊的配种、预产都要记录。配种（人工受精）、妊娠诊断、直肠和阴道检查，要严格遵守操作规程，严防粗暴从事。

对羊群要定期检疫、预防接种、驱虫和消毒。凡遇疾病，要及时诊治，谨慎用药。

当羊群发生流产时，首先进行隔离消毒，边查原因，边进行处理，以防传染性流产的发生。

2.治疗　治疗本病的关键是应首先确定是何种流产以及怀孕能否继续进行，然后再确定治疗方法。

对有流产征兆（即胎动不安，腹痛起卧，呼吸、脉搏加快等）而胎儿未被排出，应全力保胎，使用抑制子宫收缩药物。可用黄体酮注射液2支（每支含15毫克），一次肌肉注射。每日或隔日一次，连用数日。对习惯性流产，可在妊娠的一定时间试用此药。

对早产儿，如能吃奶，应尽量加以挽救，帮助吮乳或进行人工喂奶，并注意保暖。

对延期流产（死胎停滞），应采用引产或助产措施。胎儿死亡，子宫颈未开张时，应先肌肉注射前列腺素 F_2a15毫克和雌激素（如乙烯雌酚或苯甲酸雌二醇）2～3毫克，溶解黄体并使子宫颈开张，并向产道内灌注润滑剂（灭菌液体石蜡油等），然后从产道拉出胎儿。当母羊出现全身症状时应进行对症治疗。

难产

关键技术

诊断：羊有分娩的预兆，若分娩开口期超过6～12小时，或在胎儿排出期超过2～3个小时，胎儿仍未产出，即可诊断为难产。

防治：加强对母羊的饲养管理；配种不宜过早；保证青年母羊生长发育的营养需要，防止过于肥胖；怀孕母羊要适当运动；临产前要注意检查，对难产要早发现，早助产。

难产是由于各种原因使分娩过程发生困难，如不进行人工助产，母体难于或不能产出胎儿的产科疾病。一般初产动物难产的发病率比经产动物高。绵羊怀双胎时难产的发病率明显较高，山羊的发病率为3%～5%。

（一）诊断要点

1.病因　引起羊难产的原因很多，主要见于胎儿姿势异常、胎向和胎位不正、胎儿过大、双胎及三胎、胎儿畸形、死胎，或由于母体阵缩努责微弱、子宫腹壁疝、子宫捻转、阴门狭窄、子宫颈狭窄、骨盆畸形或狭窄、骨盆肿瘤等，均可导致难产的发生。

胎势异常引起的难产在绵羊最常发生，其中肩部前置和肘关节屈曲发生的难产占绝大多数；绵羊的双胎及多胎引起的难产发病率较高，而且可伴发胎位、胎向及胎势异常。山羊难产最常见的是由两个或几个胎儿同时楔入产道所引起，而且楔入的胎儿常有胎位、胎向及胎势异常。胎儿过大、子宫捻转等引起的难产也相对较多。

2.症状 难产多发于超过预产期。妊娠动物表现不安，不时徘徊，阵缩或努责，呕吐，阴唇松弛湿润，阴道流出胎水、污血、黏液，时而回顾腹部和阴部，但经1~2天不见产羔。有的外阴部夹着胎儿的头或腿，长时间不能产出。随着难产时间延长，妊娠母羊精神变差，痛苦加重，表现呻吟、爬动、精神沉郁、心率增加、呼吸加快、阵缩减弱。病至后期阵缩消失，卧地不起，甚至昏迷。

在诊断时，还应向畜主了解难产羊的预产期、年龄、胎次、分娩过程和处理情况，然后对母体、产道和胎儿进行临床检查，掌握母体全身状况、产道的松紧和润滑程度、子宫颈的扩张程度、骨盆腔的大小、胎儿的大小、数量、进入产道的深浅、是否存活、胎儿的胎向、胎位和胎势等情况。

（二）防治措施

1.预防 预防难产的关键是加强对母羊的饲养管理。一般应注意以下几点。

保证青年母羊生长发育的营养需要，以免其生长发育受阻而引起难产。但也不要使母羊过于肥胖，而影响全身肌肉的紧张性。

对母羊要适时配种，羊不应早于1~1.5岁。即使营养和生长都良好的母羊，也不宜配种过早，否则易形成骨盆狭窄而造成难产。

对怀孕母羊要适当运动。运动可提高母畜对营养物质的利用，胎儿活力旺盛，全身和子宫的紧张性提高，从而降低难产、胎衣不下和子宫复旧不全的发病率。

接近预产期的母羊，应在产前1周至半月送入产房，适应环境，以避免因改变环境造成的惊恐和不适。

在分娩过程中，要保持环境安静，并配备专人护理和接产。接产人员不要过多干扰和高声喧哗，对于分娩过程中出现的异常要留心观察，并注意进行临产检查，以免使比较简单的难产变得复杂。

2.助产方法 难产助产的关键是突出一个"早"字，应早发现，早助产。为了保证母子安全，对难产的羊必须进行全面检查，以便采取相应的措施，及时进行人工助产；对种羊可考虑作剖腹产。

（1）助产时间：当母羊开始阵缩超过4～5小时以上，未见羊膜绒毛膜在阴门外或此膜在阴门内破裂（绵羊需14分钟至2.5小时，双胎间隔15分钟；山羊需0.5～4小时，双胎间隔0.5～1小时），母羊停止阵缩或阵缩无力时，需迅速进行人工助产，不可拖延时间，以防羔羊死亡。

（2）助产准备：①助产前询问畜主羊分娩时间，是初产还是经产，胎膜是否破裂，有无羊水流出，并检查全身状况如何。②保定母羊，一般使羊侧卧，保持安静，使前躯低，后躯稍高，以便于矫正胎位。③对手臂、助产用具进行消毒；对会阴及其外周，用0.1%新洁尔灭溶液进行清洗消毒。④检查产道有无水肿、损伤、感染，产道表面干燥和湿润状态。⑤确定胎位是否正常，判断胎儿死活。胎儿正生时，手进入阴道可摸到胎儿嘴巴、两前肢，两前肢中间夹着胎儿的头部；当胎儿倒生时，手进入产道可发现胎儿尾巴、臀部、后蹄（后肢），以手压迫胎儿，如有反应，表示胎儿尚存活。

（3）助产方法：常见的难产有肩部前置、肘关节屈曲、胎儿下位、胎儿横向、胎儿过大、两个或几个胎儿同时楔入产道等，可按不同的异常胎势、胎位、胎向采取相应的矫正术将其矫正，然后将胎儿拉出产道。

当羊怀双羔时，可遇到双羔同时将一肢伸出产道，形成交叉的情况。由此形成的难产，应分清情况，辨明关系。可触摸腕关节确定前肢，触摸关节可确定后肢。若遇交叉，可将另一羔羊的肢体推回腹腔，先整顺一只羔羊的肢体，将其拉出产道，再将另一只羔羊的肢体整顺后拉出。切忌将两只羔羊的不同肢体误认为同一只羔羊的肢体。

若母羊阵缩及努责微弱，可肌肉注射催产素或脑垂体后叶素注射液10单位，这类促进子宫收缩的药物，只有在子宫颈完全开张，胎势、胎位、胎向正常时使用，否则易引起子宫破裂。

子宫颈扩张不全或子宫颈闭锁，胎儿不能产出，或骨骼变形，致使骨盆腔狭窄，胎儿不能正常通过产道，此时可进行剖腹产，以保证母羊和胎儿的安全。

胎衣不下

关键技术

诊断： 根据土黄色的部分胎衣悬吊在阴门之外即可做出诊断。

防治： 给孕羊饲喂营养丰富的饲料。舍饲时要适当增加运动时间，临产前一周减少精料，分娩后让母羊舔干羔羊身体上的黏液，尽早让羔羊吮乳，并立即注射催产素或钙制剂，避免给母羊饮冷水。对发病羊首先使用药物治疗，若不奏效，可采用手术方法，也可采用自然剥离法。

胎衣不下是羊产出胎儿后，在正常的时限内胎衣未能排出的一种疾病。胎儿产出后，母羊排出胎衣的正常时间，绵羊为3.5（2～6）小时，山羊为2.5（1～5）小时。本病在绵羊和山羊均可发生。

（一）诊断要点

1.病因 本病多因羊缺乏运动，饲料中缺乏钙盐、硒和维生素，饮饲失调，体质虚弱，过肥等使子宫产后收缩无力；或胎盘未成熟或老化、充血、水肿、发炎等而引起。

2.症状 胎衣不下可能是全部胎衣不下，也可能是部分胎衣不下。胎衣的大部分仍然与子宫黏膜连接，仅见一部分胎衣悬吊在阴门之外，呈土黄色，其表面有大小不等的子叶。病羊背部拱起，时常努责，有时由于强烈努责，可引起子宫脱出。

如果胎衣能在24小时内全部排出，多半不会发生什么并发症。但若超过一天时，则胎衣会发生腐败，尤其在气候炎热时腐败更快。从胎衣开始腐败起，即因腐败产物被机体吸收而引起中毒，病羊表现精神不振，食欲减少，体温升高，呼吸加快，产乳量降低或泌乳停止，从阴道中排出恶臭的分泌物。部分胎衣不下通常仅在恶露排出时间延长时才被发现，所排恶露的性质（恶露中含有腐烂的胎衣碎片或脉管）与胎衣全部不下时相同，排出量较少。如果羊不死，一般在5～10天内全部胎衣发生腐烂而脱落。一般山羊对胎衣不下的敏感性比绵羊强。

此病往往并发败血症、破伤风或气肿疽，或者造成子宫或阴道的慢性炎症。

（二）防治措施

1.预防 预防本病的关键是加强饲养管理，给怀孕母羊饲喂含钙及维生素丰富的饲料。舍饲时要适当增加运动时间，临产前一周减少精料，分娩后让母羊自行舐干羔羊身体上的黏液，或给羊灌服羊水，并尽早让羔羊吮乳。分娩后特别是难产后给母羊立即注射催产素或钙制剂（10%葡萄糖酸钙、氯化钙），避免给母羊饮冷水。

2.治疗 治疗本病的关键是首先使用药物治疗，若不奏效，应立即采用手术方法，人工剥离胎衣。也可采用自然剥离法。

（1）药物疗法：羊分娩后不超过24小时，可用马来酸麦角新碱注射液0.5毫克一次肌肉注射；或用垂体后叶素注射液、催产素0.8～1毫升，一次肌肉注射。

（2）手术疗法：用药物治疗已达48～72小时仍不奏效，应立即进行手术疗法。先保定好病羊，按常规准备及消毒后，进行人工剥离。术者一手握住阴门外的胎衣并拉紧（稍向外牵拉），另一只手沿胎衣表面伸入子宫黏膜和胎衣之间，用食指和中指夹住胎盘周围绒毛呈一束，以拇指剥离开母子胎盘相结合的周围边缘，剥离半周后，手向手背侧翻转以扭转绒毛膜，使其从小窝中拔出，与母体胎盘分离。子宫角尖端难以剥离，常借子宫角的反射收缩而上升，再行剥离。最后，子宫内灌注抗生素或防腐消毒药液，如土霉素2克，溶于100毫升生理盐水中，注入子宫腔内；也可灌注0.2%普鲁卡因溶液30～50毫升。

此外，还可采用自然剥离方法，即不借助手术剥离，而辅以防腐消毒药或抗生素，让胎衣自溶排出，从而达到自行剥离的目的。于子宫内投放土霉素（0.5克）胶囊，效果较好。